當我開始成為母親

心理師媽咪的腹內話

林世媛 著

推薦序

做父母比做心理師難

社會大眾常對心理師有許多美麗的誤解：整天坐在冷氣房裡和人講講話就好，錢挺好賺的！是不是什麼都不用說，就可以一眼看穿我內心想法？心理師講話是不是都特別溫柔有愛心？讀了那麼多心理學，心理師應該是能教出完美子女的完美父母吧！

就像醫生精通醫學，面對病毒也無法免疫不生病，心理師就算飽讀心理學，面對人生，只能和所有人一樣，謙卑勇敢面對，不斷掙扎與修練。

而身為一個心理師以及一位父親，我知道成為心理師只需要考試一次，工作結束可以下班；做父母卻是一輩子不斷的考驗，每天都可能要面對新的、超出自己底線的挑戰，而且對孩子的牽掛與照顧，永遠沒有下班時間。

唯一的差別是，心理師的訓練讓我們對自己的內心狀態比較敏銳一些，面對教養孩子的各種挫折與挑戰，更願意反身自省自己的狀態，有比較多線索去推測孩子可能怎麼了，然後在每天生活的短兵相接中，努力維持心情平靜，格外珍惜與孩子、與家人相處的每一個片刻。

世媛在FB上陸續分享自己做母親的心情，對我來說十分珍貴。社會大眾得以有機會看到，原來訓練有素的專業人員也會被小孩搞到氣哭逼瘋，那麼自己被孩子整得狼狽不堪自然也不算太不正常；還可以看到世媛從心理學的角度，提供洞見與慈悲，幫助仍在苦海裡的父母與伴侶們，能看到方向與希望，不輕言放棄。

心理師專業的社會責任，是去協助人們在面臨人生困境與低潮時，能適時獲得一點方向指引與力量補給，勇敢繼續迎接人生。世媛的文字帶著文如其人的一種溫柔質地，與細膩深刻的敏銳觀察，以一個心理師以及一個母親的雙重身份，與所有父母攜手，一步一腳印的勇敢體驗真實人生。

這本書就是見證這個過程的珍貴筆記，我相信讀者能從中得到滋養與鼓舞。

趙文滔——國立臺北教育大學心理與諮商學系教授／諮商心理師／伴侶與家庭治療師

作者序
在愛中成長

從一開始為了記錄生活、也給懷孕待業中的自己一點寄託，一路書寫到現在，已經快四年了。從沒想過要出書，每一篇刊登出來的文章，都是在生活的揉壓中嘔心瀝血寫下的。不過，當收到總編輯邀約討論出書時，內心真的充滿驚喜與惶恐，市面上那麼多寫給媽媽的書，還需要多這一本嗎？

我深深知道，自己書寫不是因為我對教養很有辦法，而是因為內在真的有許多掙扎需要梳理，孩子也常常給我許多驚喜（或驚嚇），覺得不寫下來太可惜了，因此我不斷試著在觀察、體會、找資料、與人討論當中，尋找安頓彼此身心的方法。

「腹內話」，在台語中代表經過咀嚼後的肺腑之言，也很貼近我書寫的初衷。我期待書中那些在我內心百轉千迴後，幫助我重新安頓下來的體會，能夠讓一位疲憊困頓的家長在翻閱之後，得到一點說進心坎裡的感動，如果還能找到一點新的靈感，運用在自己的生活中，那就太好了！

這裡分享一個小故事。

有一天，我因為糾正孩子而和她起了衝突，雙方過招一陣後，我們擁抱和好。我一邊幫她擦去鼻涕眼淚，一邊再次提醒她：「這樣妳了解為什麼媽媽剛剛要提醒妳了嗎？媽媽希望妳下次可以記得。」她點頭，隨後問道：「媽媽，那妳小時候會不聽阿嬤的話嗎？」

我沒想太多地說：「好像不會耶。」因為不同於女兒的活潑直接，我是個乖巧壓抑的小孩。她看著我，眼淚倏地掉下來，哭著說：「我想像你一樣……可是我做不到！」

她看起來不是在找藉口，而是發自內心對自己感到無力。我看她這樣，心裡也酸酸的。我說：「神創造我們是不一樣的個性，妳是個有主見的孩子，妳的特質有妳的好處呀！」她還是堅持：「可是我想像妳一樣……但是我沒辦法……。這樣，妳還會愛我嗎？」

我相信如果你是我，你的答案一樣會是肯定的——「我當然愛妳！」

我們愛孩子，即便他們還沒辦法達到我們的期待；同樣地，孩子也愛著我們，即便有時候身為父母的我們也還需要成長。我在安慰女兒的時候，體會到自己內在很深的愛，也體會到天父對我很深的愛。天父好像在對我說，孩子是祂所賜的禮物，要我在生活的高高低低當中，享受愛的流動、享受主的幫助、也享受跟孩子一起玩耍，重溫我的童年。

願這樣美好的一份愛，也滿溢於你的生命中，伴隨著你和孩子一同成長！

林世媛

Contents 目錄

Chapter 03

媽媽VS.寶寶的實戰現場

Contents 目錄

Chapter 04

那個稱為爸爸的隊友

Chapter 05 從文本、戲劇看家庭與人生

Chapter 1

懷孕改變我的事

兩條線的美麗與哀愁

孕媽咪內心小劇場

從不想生小孩、
決心動搖，到真正懷孕，
生理和心理同時面臨重大改變，
原來的生活步調也大受影響，
一開始難免手足無措，
內心戲不時上演，
走過了，
會發現這是一段人生難得的過程。

以前，總覺得很難想像自己要生養孩子。一來，被太多懷孕生產過程的痛苦描繪嚇過；二來，真實體驗著人生的不如意，所處環境愈加惡化；三來，學了諮商心理理論，聽過一些個案的傷心故事，不禁覺得父母這角色，真是難上加難。每個舉動都可能對孩子留下深刻影響，而且教養之道眾說紛紜，讓人無所適從，種種原因加在一起，讓我真的懷疑生命本身有什麼價值？有什麼美好？何苦將一個無辜的生命帶到世界上，然後要他面對這些呢？

有了信仰以後，雖然漸漸脫離憤青的行列，比較能夠溫柔地說出：「是的，生命有苦難，但苦難中也有許多愛的流動，豐富了人生這趟旅程，串起了關係……」但是說真的，理想主義如我，即使突破心中關卡結了婚，開始在婚姻中學習接納自己與對方的不完美，感謝並珍惜這份夥伴關係，但我還是沒有認真想過接受自己為人父母的這個概念，也因此，長輩的催促，我總是嘻嘻哈哈地呼攏過去，心中另有盤算。

一個轉念，人生出現改變

某一次，身邊朋友真誠地分享了當父母的心路歷程後，我就像別人結婚時可能出現的「一時昏頭」一樣，竟然沒來由地在心裡決定、願意順其自然，順服神的安排，將可能懷孕的結果交給祂，不再積極避孕。

接下來的一段時間，我開始感覺到自己似乎有些不同，變得非常嗜睡之外，身體也出現一些變化，上網搜尋之後，我懷疑自己可能懷孕了！當真正驗出兩條線的時候，心情是很奇特的，帶著驚喜、讚嘆，同時有點不敢置信。

老公的反應和我一樣，於是我們開始想著這樣的新經驗該跟誰分享，但沒想到幾天之後，驚喜的感覺在親近好友給予祝賀的同時，被我心中默默攀升的憂慮給淹沒了，我花了好幾週的時間慢慢泅泳著，才逐漸重新找到前行的信心。

身心都飽受煎熬

在懷孕的前三個月，我悄悄地跟一些朋友分享這個消息，大家都紛紛表示恭喜，說「很替我們開心，這是神的祝福」。可是在這些反應中，我的內心卻漸漸升起一種悲觀的現實感，像是那種年輕時關於生命、關於教養、關於生產、關於自己是否有辦法做個好媽媽之類的擔憂。這些擔憂讓我疑惑，有這麼多的不容易，為什麼大家卻異口同聲地說這是一個祝福呢？雖然感到困惑，但想起那些努力想要懷上孩子卻經歷種種困難的故事，心裡又充滿了罪惡感，只好將這些想法深埋在心底。

這樣的心情，加上懷孕初期的害喜、脹氣、暈眩缺氧等症狀，讓我從生理到心理都彷彿籠罩上一層灰霧，怏怏不樂。身旁的人好意提醒我：「媽媽這樣的心情會影響小寶貝喔！」這使我更加崩潰，內心最深的害怕彷彿成真，心情從害怕又衍生出防衛、生氣、委屈、自責，於是也就更難放鬆、開心。

職涯與懷孕的雙重挑戰

這段時間的我，同時經歷生涯階段的轉變，在得知懷孕前，我正準備結束一份暫時的工作，原本打算好好思索未來的服務族群，開始投履歷找正式工作。但這突如其來的變數，加上將來希望自己帶孩子的決定，使得接下來可以工作的時間只剩下大約半年，這也讓我興起了放手一搏、找找兼職工作試水溫的想法。沒想到，諮商工作十分看重待在機構歷練的年資，我這個階段要兼職接案，機會實在少之又少。

種種因素加在一起，使得我在結束前一份工作後，每天睜開眼面對升起的太陽時，想到又是一天，該怎麼打發時間；怎麼拖著自己做完該做卻似乎不可能成功的求職步驟；怎麼逼自己吃下沒胃口但又必須吃的健康食物；怎麼安排與其他人互動，避免一個人關在家……等問題，心情總是愈想愈乏力。

七、八月的台北空氣悶熱而遲滯，我的心情與生活彷彿也陷入一樣的氛圍。而這樣的狀態不只影響我和肚子裡的孩子，也開始影響小家庭中的另一個成員——老公。

採取行動，找回生活正能量

我的專業訓練使我警覺，自己不能這樣下去，持續性的心情低落、無望感、明顯對事物失去興趣、情緒低落、胃口不好、嗜睡或失眠、活力低或疲累……，這些都可能是憂鬱症的徵兆（雖然也很難區分多大比重是懷孕荷爾蒙變化的影響），但我想要採取一些行動，讓自己增加一點點正面的能量。

我開始著手嘗試兩個方向，一是找到自己內心卡住的部分，好好釐清那是什麼；二是從日常生活中，找些能讓自己真正享受其中、放鬆做自己的事情。

有鑑於第一點需要花比較多時間靜下心醞釀，我先從第二點開始做起，想了一些放鬆的點子，並開始嘗試：

- 跟親近、讓我有安全感可以發牢騷、又能給予真實諫言的好友約見面。
- 在涼爽的時候，去大自然走走。
- 種種盆栽、接觸美麗的花草。

- 讀一直想讀的書、去上想上的課。
- 煮些想吃的菜肴，與所愛的人分享。
- 適度的運動。

我告訴自己，用加法的概念，看到自己有做的部分，做一點、算一點。每天起床，我問問自己想先做什麼，然後試著靜下心來，體驗當下，讓所有的感官盡可能去經歷那件事。做完之後，肯定自己為自己做了件好事，或許休息一下，再來想下一個活動想做什麼。慢慢地，我的心情似乎從負值漸漸加到接近基準線一些，心中也開始湧進其他靈感，想到其他想做的事，再慢慢一點點排入行事曆當中，於是，生活開始多了一些色彩，也多了一點掌控感。

心靈保健室

產前憂鬱或許沒有產後憂鬱那樣廣為人知，但它同樣是起源於面對生命重大變化而產生的身心壓力反應。孕媽咪請接納自己在這時會有的焦慮害怕及不確定感，也試著了解生理變化帶來的影響，並向身旁的重要他人分享。

輕微的產前憂鬱可靠著自我調適、運動及吸收孕期相關知識獲得改善。如果發現憂鬱情況持續，甚至勾起其他既有心理議題，鼓勵您尋求專業的諮商協助。

內心潛藏的「應該」清單

對賦閒在家的自己精神喊話

暫停工作、整天在家，
心情卻沒有放鬆下來，
開始感到虛度光陰，
於是給自己好多「應該」做的事，
卻是更加心慌，
害怕自己沒有價值、
不值得被愛，
其實是被自己的思維卡住。

懷孕時因為正巧遇上職涯轉換，我離開前一份工作後，下一份工作卻還沒有著落。每天賦閒在家，雖然好像累了就可以去躺著休息一會兒，可是心情卻漸漸感到焦慮與不安。我常想著，這段時間不能虛度，應該做些什麼來累積專業能力，或是該好好運動、好好閱讀等等，可是在荷爾蒙的影響下，我的心情和行動力低落，總是提不起勁，接著又討厭自己的一事無成。

被「應該」做的事嚇到

記得有天和小我好幾歲的朋友約，忍不住向她描述了過去幾週的晦暗生活以及內心的碎念，想請她幫我想些轉換心境的點子。她聽我講到一半，忍不住好氣又好笑地打斷我：「拜託，妳心裡覺得有這麼多的『應該』，要不要花個時間把它列成一張表寫下來啊！」我一開始沒反應過來，還想辯解說：「我有嗎？我那些覺得自己不能混吃等死的期待，應該不過分吧！」但沒等我辯解，她就接著說：「有這麼多『應該要做到的』，難怪日子過得不痛快嘛！拜託做點妳真正想做的好不好？」

感謝她的當頭棒喝，以及陪我一起天南地北想了好多點子，我才有機會開始嘗試各種有趣的小事物。而我也真的找了個時間，半實驗性的、不批判、不做太多琢磨的，寫下所有閃過心頭的「應該」。

稍微整理一下之後，我發現大約可以分成兩大類，舉些例子放在下面：

一、產出類

- 我應該找點正事來做（例如累積專業或是做些有產值的事）。
- 我應該要能應徵上我想要的工作。
- 我應該把論文整理一下投稿。
- 我不應該讓自己每天虛度光陰。
- 我應該把自己以前拍的照片做些運用。
- 我應該好好把握時間，把不用上班的大把時間過得豐富精采。
- 我應該為我怎麼運用這一天感到驕傲。

二、生活品質／自我管理類

- 我應該好好運動。
- 我有時間力氣應該多為他人付出。
- 我應該知道怎麼讓自己開心起來，並保持開心以免影響肚裡的寶寶。
- 我應該找些好書來讀並享受閱讀。

- 想去大自然走走，就不應該讓自己賴在家。
- 現在沒收入了，就不應該出去亂花錢。

哇！這麼多的應該，難怪生活沒有樂趣，處處都是壓力；難怪每天一醒來就有好多自動帶入的要求；難怪根本不想爬起來面對「今天」！

過度期待不如活在當下

仔細看著這張表，我問自己：這些想法是從哪裡來的？它們真的是唯一的觀點嗎？我也注意到，當我用這樣一個「應該」的大框架套在自己身上時，我的注意力被窄化地集中在很高的理想標準上，有這些期待並非不好，但反而使我忽略了自己完成的一個個小成果。也因此，我很容易對生活或自己美好的部分視若無睹，滿心想著：「那個什麼什麼或許還不錯啦，可是……那又不夠好。」

再更深地挖掘下去，我發現那兩大類的「應該」，透過一條曲折幽黯的地道，指向我心中最深的兩個害怕：

一、沒有產出，好像就代表著我是沒有價值的，於是我奮力抵抗這件事發生，覺得自己不可落入這種景況。

二、生活如果讓我覺得快要失去控制了，代表我沒有管理好自己，也就代表我可能是不好的、不值得被愛的。

於是，我就用種種期待織起一張密密的網，希望自己面面俱到，卻沒想到更加地不自由、更加地無力。

這樣的「看見」提醒了我，我需要回到生活中的每個當下，踏實地去累積，做多少算多少，同時盡可能享受生命，而這樣的轉念，彷彿馬上為我自己開闢了一個私密的、安全的時間和空間。在當中，我比較可以接納自己這段時間需要比以前多的休息與安靜，需要慢慢找到運動、與人碰面和留白的節奏，需要享受一點點無所事事的美好，並且安心地知道，這樣做無損於我的價值，反而可能因為我的狀態穩定了、舒緩了，而更能夠照顧到身旁親愛的家人以及我將來服務的對象。

心靈保健室

你的「應該」或許與我不同，甚至有的人也不是出現「應該」，而是以其他五花八門的型態表現其害怕，例如突然爆發的情緒、沒來由地看某一類型的人不順眼，可能都是寶貴的線索。但我從實務經驗上感受到，這些線索共同指向的是：關於價值和歸屬感的渴望，因為這是人們普遍存在的核心需求。

有些諮商的做法，可能會再花時間與個案探討下去，這些深埋心中的想法是從哪裡來的？或許可以追溯到重要他人、童年經驗，而更豐富對自己的認識。但同樣重要的是，現在便能夠開始練習，覺察到這些之後，在每次同樣的反應和害怕湧上心頭時提醒自己：我不必然需要這樣想、這樣做；我的存在本身就是有價值的。

從伴侶變成隊友

夫妻關係再進化

懷孕的變化可能造成夫妻關係緊張，
面對角色的改變，
雙方都需要調整適應，
這時候很需要互相體諒，
兩個人能不能從戀愛時的凝視相望，
到結婚後的並肩前行，
這是一次考驗。

記得剛結婚就有人開始問我們打算什麼時候生小孩，長輩總是勸我們愈早愈好，不要拖延；但也有一些年齡相近的夫妻會勸我們先好好享受彼此的關係，好好磨合一番，再來準備生兒育女。

想一想，後者的觀點也很有道理，從一個人的生活過度到兩個人，從一個家過度到兩個家，本來就需要一些適應與調整。而兩個人從相識、相戀到真正組成家庭，這當中也有一些珍貴的機會，可以練習從兩人面對面，眼中只要凝視著對方、滿足對方，轉為並肩面向同一方向，一起計劃、達成某個共同目標，過程中同時惦記著對方的需要與喜好。簡而言之，就是從伴侶進一步晉升為隊友的過程。

人與人的關係是充滿變動的，常常因為各種內外在因素而產生改變，因此雙方也需要不斷調整自己，來產生新的平衡。

籌備婚禮到成家就是一個練習的機會：討論婚禮流程、決定在哪落腳、一起規劃未來的生活，在整個過程中熟悉如何溝通、合作。這樣的練習，假如說有一天要驗證其成效，或許就屬兩人要一起養育孩子、教導孩子長大成人這件事了吧！畢竟這是一個遠比前面種種任務更大、更艱鉅，且影響更長遠的任務。

當隊友說需要自己的空間

記得剛發現懷孕的時候，雖然我們結婚還不滿一年，但我樂觀地以為彼此已經熟悉小夫妻生活，也有不錯的溝通和默契，因此我想，應該不會有問題吧，就這樣順順地走下去。不過，我卻忘了那時候我們也正在適應各自職業生涯上的變動，老公剛開始適應新工作，我則是開始尋找轉換進入諮商領域後的第一份正職。

每當我一整天在家，面對孕期之初的不舒服、煩悶無聊，以及對未來的茫然未知，好不容易盼到老公回家時，真想一直跟他窩在一起，聽他說說今天發生的事，也想找他聊聊心中的各種矛盾或靈感；但忙了一天，不斷應付工作上各種狀況的他，卻希望回到家可以放空、清靜一下，因此有好幾次，他總是耐著性子陪我一會兒後，忍不住表達他需要一點自己安靜的時間。

我聽到這些話，理智上雖然可以理解，也願意尊重，但情感上還是想要賴皮一下，因此忍不住又多拗了他幾下，這時老公的耐心終於臨近爆發點，覺得我不重視他的需要，我則覺得委屈，荷爾蒙的加乘使得眼淚迅速飆出，他一方面或許有些自責，一方面卻也生氣地認為自己的需要難道不合理嗎？為什麼我不願意諒解他？

幾次這樣的互動下來，老公又表達新的擔心，他說：「這些情緒會不會影響到肚子裡的孩子呢？」雖然他這麼說也有道理，但是聽在已經自信心低落的準媽媽耳中，簡直就是大忌！於是各種感受一併爆發：我覺得委屈、孤單，外加忿忿不平，心想自己何必受這種罪，懷孕過程已經要經歷種種身心變化，還要背負這麼重大的責任，可是我一抗議，男主角又會覺得：「我說的難道不對嗎？你真的需要找辦法調適自己的心情啊！」……雙人小劇場於是可以無限迴圈，不斷延長加碼。

從彼此體諒中找出折衷方案

幸好當各自情緒冷靜下來，我們逐漸在溝通中承認，其實彼此的觀點都有道理，可是如果兩人都堅持己見、不願意一起找出折衷方案的話，這個情況基本上仍是無解。我自己也深刻體會到，當我一股腦地期待對方在辛苦工作一整天之後，還要全然滿足我的期望，也真的是太強人所難了。而當他能夠試著接納與了解懷孕初期對我帶來的身心挑戰，似乎我也從這樣的接納中，多了一點信心和意願，相信可以找到方法讓自己過得好一些、開心一些，在老公忙碌一天下班回家的時候，和他彼此分享、彼此鼓勵，而不是互相索求對方給不起的愛。

這樣一想，我突然明白，懷胎十月的過程，除了小孩忙著在吸收、成長，準媽媽、準爸爸也同步在預備著，練習心理建設，也練習與親密隊友更熟練、更有默契的合作。我相信，孩子誕生後，隨著不同的成長階段，家庭又會經歷許多次的變化，「夫妻」這個核心連結的角色定位，也需要持續調整和搭配。這個漫長旅程仰賴關係中的許多元素：謙卑、寬容、愛人如己，以及對彼此的承諾，而我相信這些美好的典範，也都會是留在孩子生命中最有價值的禮物。

心靈保健室

在伴侶關係中，與對方「成為好隊友」，建立默契彼此補位，先決條件在於互相體諒，及順暢溝通。在互動中，練習用「我訊息」的方式來溝通，比如將主詞的「你」改成「我」，表達自己的需要與期待，而不是一開口就指責、要求對方；說完後，也願意用心傾聽對方的困難、需要和期待，兩人一起反覆微調找到雙方都覺得相對合適、舒服的做法。

有時候，讓雙方都滿意的方法不會那麼快找到，但是重要的是願意持續對話、願意看見彼此的努力。心境放鬆、關係輕鬆，事情往往也就有機會迎刃而解！

和寶寶的另類溝通

高層次超音波初體驗

透過高層次超音波
清楚看到小寶寶的
身體構造和可愛動作，
在這讓新手爸媽感動又激動的時刻裡，
教人忍不住讚嘆造物者的神奇，
也重新體悟生命的可貴。

這天，在醫生的推薦下，我們來到做胎兒高層次超音波的診所，閱讀同意書的時候，看到一條條文字詳列著這種情況無法事先知情、那個異常也不能保證排除，我不禁疑惑地問老公，既然這樣，還要花這筆錢做檢查嗎？老公也對文件有點意外，不禁莞爾地說：「對耶，這樣為什麼還要做？」但事後證明幸好當時決定要做，讓我們得以在檢查過程中體會到神巧妙的創造，並且讓心情在忽高忽低平息之後，被感動和感謝所填滿。

讓人心跳加速的檢查過程

躺上檢查床，溫柔的技術員開始帶我們細細檢視胎兒的狀況，她先解釋螢幕上的部位是什麼、應該看起來如何才正常、反之會有什麼問題，最後才會下個小結，告訴我們寶寶的情況屬於正常或異常。

這位技術員非常細心、有耐心，從五官（是否有瞳孔、鼻樑骨的高度、嘴唇是否完整、耳朵是否完整對稱）、腦部構造（對稱、大致尺寸）、脊椎（頸椎的結構、尾椎是否閉合）、胸腔（心臟的構造、心房心室以及肺動脈血液的流向），腹腔（胃的完整性、膀胱）到性別，一一詳細說明，並檢查某些腔室是否有水腫狀況。軀幹說完了，再到四肢骨骼結構、手指腳趾的數目等等，詳細到我和老公不禁有個錯覺彷彿我們在上醫療科普課，一面吸收新知，內心一面讚嘆，但事後我們才發現其實彼此在過程中都不由得心吊膽，只想聽到技術員趕快說出每一個段落的結論：「嗯，這樣是正常的！」

嘗試和小寶貝溝通

整個過程原本順利的話預計三十分鐘可以看完，但是因為一開始寶寶呈現瑜伽鋤頭式的姿勢，平躺著並將兩隻腳勾到頭後面，以致軀幹部分都看不到，於是技術員幫我找了幾顆糖、請我去上個廁所，看看這小妞會不會變換姿勢。過了一會兒再躺回去時，發現寶寶還是呈現一樣的姿勢，雖然稍有改變，因此可以多檢查一些項目，但還是有好多任務無法達成。技術員將我的肚子戳來戳去，一會又要我翻右邊、翻左邊，小寶貝還是無動於衷。

眼看距離下班時間越來越近，技術員決定請下一個人先做檢查，要老公帶我去外面吃點東西、走一走，跟小妞溝通一下，晚點再回來。

我看佔了那麼多時間，實在有點不好意思，於是小聲地跟肚子裡的寶寶說：「寶貝，你是不是想要爸爸媽媽多花點時間看看你呀？不過護士阿姨還有別的事要忙，我們早點完成任務，然後就可以早點一起去吃好吃的唷，幫幫忙，等等趴著一會，好不好？」隨後我跟老公到隔壁買甜點、咖啡，看了好一會雜誌，才發現診所已經打了三通電話來催。

內建精細的造物神奇

我們趕忙回到醫院，這次一躺上去，發現寶寶真的改變姿勢了，她乖乖趴坐在腿上，正如我們所溝通的。我覺得好有趣也好驚喜，不禁在心裡微笑，真是個貼心、可以商量的孩子。檢查最後總算在寶寶的配合下順利完成了。

整個過程中最讓我印象深刻的，除了和寶寶的互動，還有幾個胎兒發展過程內建的奇妙設計，像是懷孕二十多週的胎兒，心臟有一個洞還不能閉合，否則會造成胎兒胸腔壓力過大，但出生後那個洞就會自然閉合，如果沒有，則會是心臟病的一種。又像是胎兒因為泡在羊水裡，所以初期還不長肺，但需要有胃和膀胱，等到晚一點才會開始發育肺臟，預備出生後的第一口呼吸。

這些說明都讓我們讚嘆，神的創造讓萬事萬物各按其時成為美好，自然而然地到位、完成，我們不用做什麼、也做不了什麼，一切都是恩典與奇蹟。這也使我重新反思產檢過程自己常有的擔心，即便有哪些部分不是我們所定義的「正常」，我們又有什麼立場抱怨、和不滿呢？

重新體悟生命的可貴

最後，技術員送給我們幾張寶寶的照片，看到她用手枕著頭，靠著胎盤閉目養神，還有吃完食指換吃拇指的模樣，覺得她真的好可愛好有趣呀！一旁的老公當場表現得十分冷靜，沒想到一回到家馬上叫我拿出照片，愛不釋手地凝視著、眼眶泛淚，一直嚷嚷說好感動，看到老公這麼愛小寶貝，我心中也升起一股溫柔與感謝的情緒。

這次的檢查，讓我們對於即將成為父母，受神所託照管祂這份奇妙的產業，又多了點不一樣的體會。

我心中不斷想起聖經中的這段話：「我的肺腑是你所造的，我在母腹中，你已覆庇我。我要稱謝你，因我受造奇妙可畏；你的作為奇妙，這是我心深知道的。我在暗中受造，在地的深處被聯絡，那時我的形體並不向你隱藏。我未成形的體質，你的眼早已看見了；你所定的日子，我尚未度一日，你都寫在你的冊上了。」（詩篇 139：

13～16）

不只是我的孩子，我也曾經是祂這樣細密創造的生命，是什麼讓我常常忘了這件事，以為我只能靠自己、都能靠自己？感謝這個過程，讓人心跳不時漏拍的檢查，讓我們重新開啟不同的視野、重新記起重要的感動。

心靈保健室

科學研究指出胎兒在母腹中大約四個月左右便能感覺光線與黑暗，六個月左右便具備聽聲音的條件，其他像是味覺、觸覺也都在發育過程中逐漸萌芽。所以懷孕期間不妨多和寶寶說說話，常常撫摸肚子，攝取健康均衡的飲食，適時曬曬太陽，享受這個與寶寶親密相依的階段！

倒數計時迎接新生命

做好準備並相信身為母親的本能

對新手媽媽來說，
無法預期的生產過程
總是會有許多擔憂，
但也因為每個人的經驗不同，
了解可能會有哪些狀況之後，
試著放寬心，
用身為母親天生的韌性
來迎接小寶寶的出生。

時間悠悠晃晃，一轉眼就來到了懷孕後期，每一次的產檢，除了得知寶寶長大得如何、各方面發展如何，也發現醫生開始記錄她的姿勢如何。

一開始知道寶寶頭在上面（所謂的胎位不正），我們還不以為意，想說就再跟小姑娘溝通看看，她應該會轉下來的。一來之前有溝通成功的經驗（見上一篇）；一來我們也陸續做了一些準備，希望還是可以自然產為主。

面對胎位不正，陷入緊張心境

沒想到，一週、兩週、三週過去，愈來愈接近足月，小寶貝還是沒有往下轉的動靜，儘管有些前輩會建議再多做一些瑜伽動作，努力看看可否讓寶寶轉下來，但醫生根據各種因素考量，評估再改變位置的機率不大，預告我做好剖腹產的心理準備。陪我去的媽媽聽到醫生這麼說，無心地回了一聲：「啊，寶寶還是不聽話！」醫生卻霸氣地回應了一句很溫柔的話：「她不是不聽話，是我們聽不懂她的話，她會堅持頭在上面一定有她的原因。」

聽醫師這樣說，我想到心理學形容母親彷彿一種容器，乘載孩子生理與心理的需要，名之為「涵容」，那是一種接納、包容的胸懷，原來，這是早從孩子還在肚子裡就開始，一路延伸到生產過程，以及後續的撫養和教育。當時我沒有想太多，只覺得：好吧，那就這樣吧！但是連著好幾天夢裡出現各種血淋淋的畫面，我才發現心裡終究還是會有些害怕和緊張。

這樣的情境當前，自己本能性地開始做一些事：搜尋前人的經驗、尋求別人的建議，希望可以多了解一下情況。映入眼簾的資訊有的駭人、有的教人鬆一口氣，即便清楚知道每個人的經驗都不相同，這些分享其實沒辦法證明什麼，但我還是忍不住一再鍵入想到的關鍵字，帶著戰戰兢兢的心情閱讀。

難以預期本是生產過程的常態

除了搜尋網路文章之外，我也陸續和一些已經晉升為人母的朋友分享這樣的消息、跟他們請教經驗，這才發現，好多人的生產過程也充滿各種曲折離奇。有一直胎位正常，打定主意準備自然產，當天卻因為突發狀況需要剖腹的；也有本來約好要剖腹，突然產兆發生，提前送醫，再因為現場各種綜合考量而接受醫師指示的。

幾個故事聽下來，我深深感到震撼，原來大家的生產過程都不容易，而這些故事的細節平常不會輕易拿出來跟朋友說，因為太刺激太私密了！我也體會到生產過程真的是充滿突發狀況，尤其醫療逐漸進步，許多預防性的監測儀器能幫助醫生提前做出判斷，希望降低風險，但也因此增加了臨產時突然決策大轉彎的可能。

做好準備，放下擔憂

這些故事帶給我最深的領悟就是，身為一個母親，只能盡可能預備自己的狀態，迎向各種挑戰，用最大的韌性、勇氣與信任，面對眼前的各種情況。在預備的過程中，重點似乎不是要無窮盡地要求知道更多、控制更多，以至於無止盡地蔓延焦慮，而是在掌握重點後，學習放下一定要怎麼樣的期待，張開緊握的手，不再試著掌控無法掌控的部分。盼望好事發生，同時預備壞事降臨 (Hope for the best, prepare for the worest.)。

這抓與放之間，似乎是矛盾的概念，但其實真正的關鍵在於體會到自己可以擁有一定的掌握度，也知道自己掌握的極限在哪；而那些無法掌握的部分，靠著信仰，我深知即便像是水深火熱、死蔭幽谷，神仍將賜我內心的平安，因此我可以安心放手交給祂。

有的人生產選擇乖乖跟著醫生的指示，有的人選擇多方了解、試圖控制，你的選擇會是哪一種？但無論如何，真正的勇氣並非沒有害怕，而是能夠直視恐懼，卻仍向前走去！

心靈保健室

對於生產，如果你是希望自己多一些準備的人，推薦準爸媽可以一起去上坊間的生產準備課，預先認識產兆、生產過程以及不同產程階段，了解媽媽可以如何透過拉梅茲呼吸法，幫助自己的身體更順利地迎接寶寶的出生，爸爸又可以如何在這個重大的時刻，在妻子身旁給予安撫和協助。

Chapter
2

媽媽的不完美
與自我調適

為尋常日子按下幸福快門

用攝影心法捕捉親子美好時光

當我們試著放下腦中紛擾的人事物，
抬起頭來留心周遭，
會發現身旁充滿了微小
但不尋常的美麗。
就像是攝影一樣，
有取有捨、有大有小，
就能構築出屬於你眼中的美景。

成為一個大部分時間需要帶孩子的母親之後，常常感覺日子平淡無奇又不斷重複，雖然努力想找出生活中的樂趣，但過去的興趣都顯得太過耗時費力，倒是拍照這件事，不但仍然陪伴著我，甚至拿起鏡頭的頻率還愈來愈高：舉凡看到孩子一個新的表情、看到窗台一片燦爛的陽光、看到親子之間互動的真情流露……這些畫面都彷彿觸動內心的一處柔軟，催促著我按下快門，珍藏這些稍縱即逝的感動。

拍著拍著，我發現攝影不只有趣，還在無形中教會我一些小祕訣，幫助我在尋常的歲月中，體會到隨處可得的幸福。

技巧放一旁，心的共鳴最重要

法國雕塑家羅丹說：「這個世界不是缺少美，而是缺少發現。」

當我們匆匆趕路，當我們沉浸憂思，當我們低頭滑著手機，不斷被新資訊洗版，我們的心裝滿了過去和未來的事物，卻唯獨少了當下。

那樣的時刻，你不會注意到橘紅渾圓的落日正要隱入地平線，你也不會注意到身邊孩子的眼眸因為注意到什麼而閃閃發亮，你更不會注意到行道樹的枯枝長出了點點新芽。

作為一個喜歡事先有所準備的新手媽媽，我在懷孕初期就開始閱讀好多書：關於孕程、關於生產、關於照顧……幾乎每個主題都找來了解一番。但我很快就發現，難的不是消化這些知識，而是坊間眾說紛紜，有很多派別互相對立，甚至互相批評，做這個有這個的可怕後果、做那個有那個的副作用，我到底該相信誰、遵照誰的說法呢？

後來我靜下心來，決定先將這些知識收在一旁，回到我和孩子的相處上，好好的去認識她、認識自己，試著先如其所是地接納現況，然後再來選擇我想要用哪一種做法，並且持續觀察結果、調整做法，這才讓我焦慮的心稍微安定下來。而後續的發展，也讓我更加相信：心先對了，外在的做法都可以慢慢試、慢慢調，結果總不會太差，而且還能愈來愈好。

就像是攝影行家為了精益求精，多半會學習光圈、快門等細節設定，甚至搭配各種輔助道具，以求拍出理想中的作品，但是在高效能攝影器材逐漸普及的現在，要拍出好照片，有時真的不需要太複雜的技巧。反過來說，若空有厲害的技巧和設備，卻沒有發現美的好眼力，沒有一顆願意去感受和分享的心，那麼也只能拍出一張張沒有靈魂的照片，淹沒在資訊的洪流之中。

框架存在之必要，有限制凸顯取捨的重要

當我們提到「框架」，幾乎很少帶有正面的意味，被框住，代表的是被限制、被侷限。不過在攝影中，「框取」可以說是必備技能的第一步，沒有框、沒有經過有意識的選擇，就沒有聚焦的畫面。

你會說，可是框也限制了畫面，將無限可能變成有限啊！的確如此，但一個什麼都要包含的畫面，很可能也毫無重點，無法傳遞攝影師想要送出的訊息。

或許，在人生中，我們也很難完全沒有「框」，這框可能是我們的文化背景、價值觀、人生信念……即便再怎麼隨和、沒有特定觀點，那也依然是一種觀點，一種我們看世界的角度。

框也可能是我們現階段的工作和身分角色，例如我作為一個全職媽媽，可能暫時無法全力衝刺事業，可能暫時無法任意出國旅遊，但是我的選擇也將成就一些我珍視的事物。

框在攝影中代表著選擇與取捨，也因為有框而得以成就一幅作品。人生也是，你不可能成為全部，而你選擇投入的那些，將為你成就一些獨特的故事。

Zoom In，放大感動、少即是多

在學習攝影時，一位大師曾經提醒我：「你的畫面太多東西了，再少一點會更好」。當我嘗試往這方向調整，卻發現首先得面對自己心中那個「捨不得」和「什麼都想要」的誘惑。

就像有天傍晚，我推著孩子來到熱鬧的街頭，突然，一陣感動襲來：我想要拍下街頭藝人的創意，還有孩子興奮發光的臉龐，也想納入背景中初亮的街燈和傍晚的彩霞。但是什麼都要的結果，卻是每個元素都跳不出來，只構成了一張平凡的街景，遺失了當下的感動。

這時若練習取捨，留下最打動人心的部分——也許是聚焦在街頭藝人和孩子的互動；也許是分成兩張：單純拍一張街燈與晚霞的對話，另外再拉近拍攝街頭藝人投入的表情和額上的汗珠。如何取捨，端看自己想要說什麼故事，希望傳遞給觀者什麼樣的感受。

人生又何嘗不是如此呢？如果我們想要活出一個好故事，同樣需要學習「捨」的功夫，記住「少即是多」，好好把握住自己在乎的部分，加倍用心經營。同一個故事，

聚焦在哪裡，將大大影響著故事的調性，甚至是反應主角的心情和人生觀。聚焦在一連串的失落，你會感到悲傷無力；聚焦在重重困境中不曾離去的祝福，你將感到感謝和安慰！

Zoom Out，縮小感受、擴大格局

相對於拉近，有時為了拍攝全景的浩瀚、海天的遼闊，我們也會選擇把鏡頭拉到最遠，暫時捨棄細節以求更大的格局。

在孩子更小的時候，我也曾為了日復一日的換尿布、餵奶無限循環而感到煩悶，想到明天又將是這樣的一天，真的得費點力氣鼓舞自己起床。但是當我轉換視角，想到孩子強烈依賴母親的日子，頂多存在於我們關係中的第一年，之後她勢必會漸漸獨立自主，我們可以一起做的事情也會更豐富，而這些點滴累積的時光，都將成為她生命的沃土，讓她可以盡情長出自己的樣子，這便帶給我面對當下挑戰的力量。

生命中有的時候也需要我們跳脫當下感受到的苦與樂，以更高的視野來看到更大的藍圖，這將帶給我們超越既有框架的思考，甚至得以從人生的終局，來回頭調整現在的選擇：你希望你離開世界後如何被記得呢？那麼現在就這樣活著！

別忘了投入當下，用心體會

不少熱愛攝影的人都有這樣的經驗：面對眼前令人屏氣凝神的美景，努力調整攝影器材，還是無法捕捉現場千分之一的美麗。眼見美景稍縱即逝，幾經掙扎，終於決定放下手中的工具，靜靜地用人體內建的宇宙最強攝影機——靈魂之窗，來細細瀏覽這片美好，然後喀擦一聲，把影像刻在心版上，永久珍藏。

新手媽媽常有一個共通現象，拿著手機猛拍孩子的每個第一次，隨時都想捕捉孩子細微的表情變化。我注意到自己有時因為太想拍下理想中的畫面，一試再試、這邊拍、那邊拍，甚至希望她按照我的期待來動作，反而無法全心陪伴寶寶玩耍，更別說和她互動了。

在旅途中，也常見有些人忙著拍照上傳，反而無法好好去經驗當下、感受現場的震撼。拍了上百張照片，回家翻看照片時才說：「這些不算什麼，現場更美！有些美真的拍不下來！」何必呢？

旅途中，難免有些帶不走的遺憾，而遺憾也讓一期一會的美好更加寶貴。與其掙扎不願就範，不如就放下那份勉強，全心投入當下的體驗，將那些細膩的感動珍藏在心裡吧！

專心陪伴孩子的時光，生命彷彿受到某種時空限制，但我也因此更能往內心發掘、自平凡處提煉深刻的意義，就如同攝影教會我的：別忘了去發現美好；別忘了去勇敢捨棄；別忘了去投入當下。

我想無論是攝影或是任何小事，當我們帶著這樣的覺知去認真看待時，也都能帶給我們一些關於人生的體悟，讓我們找到當下生命風景中的美麗和意義。

心靈保健室

育兒生活繁忙疲憊之時，更要常常找到一些小小的美好來為自己充電。如果能夠將自己有興趣的事物例如烹飪、運動、攝影、音樂等休閒活動與育兒日常結合，會讓父母親感覺在滿足孩子的需要之外，也滋養了自己，一舉兩得。

寶寶學步的放手時機
順著孩子的成長步伐安心前行

寶寶在學走路的時期，
也最是讓媽媽繃緊神經的階段，
該不該放手？什麼時候放手？
常常陷入兩難。
不如依著孩子的步調，
順其自然發展，
享受這段放手之前，
孩子搖搖晃晃的可愛。

一歲出頭的寶寶，老早學會了獨自站立以及扶著東西走來走去，朋友關心：「孩子會自己走路了嗎？」一聽我說不會，就建議我不要常牽著她走，要放手讓她試試看，她就算跪下來自己多爬爬也是很好的訓練，不要讓她習慣有人牽，這樣反而會減少她冒險嘗試的動力。這些經驗談聽起來很有道理，於是我心中響起警鈴：「我那樣做，錯了！」這個「錯了」，立刻激起我改正做法的鬥志，也想改變孩子目前的習慣。

放手讓他練習走路

除了覺得別人說的有道理之外，根據我自己的觀察，寶寶抓住我的方式，的確沒有放力氣在我身上，比較像是想抓住一份安全感，所以我更肯定她應該準備好自己走路了，或許真的可以放手讓她練習。可是，幾次當我把她放在空地上，她竟緊張地喊：「怕怕」，接著馬上伸手又想抓我。當我退後一小步，伸出雙手叫喚她，鼓勵她朝我前進，她猶豫了半天，勉強跨出一步後，可能因為太著急或太不確定，突然一個重心不穩跌坐在地。雖然我立刻上前安撫，她也沒有真的受傷，但是之後，她更不願意嘗試邁步，總是死命地緊抓住我的手指或褲角。

我將一切過程看在眼裡，心裡不禁浮現一個念頭：這孩子怎麼這麼謹慎（沒膽）

啊！明明有能力，為什麼不願意放膽冒險試試看呢？怎麼才輕輕跌個一次就不想再試了？可是不試，就很難有成功經驗來修正過往的挫敗啊！這樣的性格以後怎麼辦才好？接著腦海中就出現一籮筐媽媽自己的負面想像。

我分享這個可愛又有劇情的片段給家中其他長輩。

姑婆一號說：「你不要急著要逼她自己走路，到時候跑給你追，你才知道累咧！」姑婆二號說：「人生第一次面對未知，要踏出第一步也是有難度的。不用太急，順其自然。」

幾句話瞬間打醒了一直在焦急孩子怎麼還不自己走路的我。

當我望著孩子，她又伸出小小的雙手要我陪她走，滿臉殷勤地企盼著，一個念頭突然閃過心中：或許，不是哪種做法對、哪種做法錯的問題，或許只是看如何搭配孩子的需要來拿捏；又或者，更關鍵的其實是，我的心態可以做些調整！

是啊，如果不用對或錯二分法，我是不是會少一些焦慮、多一些允許和耐心，接納她用自己的速度嘗試放手行走？並且，能在她還沒放手前，享受陪她去發現新事物的「慢速前進探險時光」？

如果我能夠對於她的嘗試過程多帶著一點「就是喜歡妳現在的樣子」的心情（行

話叫：如其所是的接納），少一些價值批判和災難性的擔憂，適時給予屬於照顧者／教育者的引導和邀請，不時激勵、引誘她放手嘗試，這樣會不會讓大人和小孩都更放鬆一些，也更享受這些成長的過程？

儘管，一直需要彎下腰扶她，隨時防止她跌倒，其實挺累的；儘管，一直需要調整自己的速度，配合她忽快忽慢的步伐，其實也挺耗費耐心的，但我也好珍惜寶寶拉著我的手，以我為中心的繞圈，來來回回總不嫌膩的傻勁，那些她偶爾願意放手走路，小企鵝般搖晃著咯咯咯地向我衝來，成功達陣一頭埋進我懷抱的甜蜜時刻。

然後，我也同時明白，這些甜蜜不是永遠的，遲早有一天，她也將放手離開，愈走愈遠，像一把箭從弓上射出去，穩穩地飛向屬於她的目的地。那時，如果回頭來看我今日的著急和催促，想必要笑自己太傻了吧！

就算再累，每個時刻都值得珍惜

當我們困在當下的擔心裡，真的很難想像將來有一天會回頭想念現在的一切。這種錯過與不再，是否就是人生充滿遺憾的原因？孩子帶給我的這些思考，再一次提醒了我屬於自己的生命功課：過程，遠比結果重要。生命和成長都是過程，而不是一個個等待達成的結果或關卡。很多事，不要急著用對錯、黑白二分的角度來看待，多一點理解和接納，對自己這麼做，也對別人這麼做，然後我們會發現，世界上的色彩極其繽紛美麗。

孩子，慢慢來，我會等妳準備好，跨出自己的那一步；而在此之前，我也要盡情享受妳的邀請與依賴。

心靈保健室

「如其所是的接納」在諮商工作中可以說是關係建立的第一步，它代表的是：我看見你現在的樣子，我也接受你現在的樣子。這個接受，不等於認同對方在其處境下的一切想法和做法，否則諮商工作中案主期待的改變便無從發生。它代表的是感同身受對方在這個處境下的體驗，並且安心於短暫停留、不急著離開。

放到親子關係中來看，父母無法避免地會對孩子有各種成長的期望，但如果能夠從接納現況、接納本質作為起點，將比較能夠幫助自己對於孩子的成長不過分心急、偏激。

不一樣的母親節禮物

找回自己給愛的能量

媽媽常常是家裡
任勞任怨的那個角色，
因為付出得多，
便期待孩子熱烈回應，
卻不知道這樣的期待
反而使得親子關係變得緊張。
先照顧好自己，
讓自己在最好的狀態，
才有愛人的能力。

最近我觀察到老公和孩子的一個互動：

「爸爸親一下好嗎？」

「不～要！」

不死心的老公和堅持的小妞可以重複這問答N遍，但在這個過程中，老公也很厲害，他始終保持平穩的心情提問，彷彿絲毫不被女兒的拒絕傷了感情，試了幾次不成功，又自然地和她玩一些別的小遊戲，然後再次重複一樣的問句：

「爸爸親一下好嗎？」

「ㄏㄠˋ嗚。」

我們不知道為什麼答案突然變成肯定的了！只見她爸掩不住眼角笑意，喜孜孜地彎腰靠近她的小胖臉，又親又聞又蹭半天，小妞也是又癢又怕又想要地笑得眉眼彎彎，看得我都吃味了。我邊嚷嚷著：「吼！你們！媽媽看不下去了。」起身離開現場去忙別的事，但一邊忙著，腦中回想事情的來龍去脈，心裡湧出了對老公的欽佩。

學會尊重孩子的自主意願

我們完全無法預測她何時會說好，何時會說不要。孩子真的有她自己的自由意志，而這一點，隨著她一天天長大，開始不再只是一種概念，而是在生活中喧鬧地立體了起來。而我欽佩老公的是，當女兒說不要時，他看起來是不在意的、沒有一點受傷的，我不知道是不是他流露出的尊重、接受，反而讓孩子不一會兒就態度匹變，決定讓爸爸親個幾下，但至少他這種把對方的自主意願當一回事，並且不過度解讀對方是在拒絕自己的態度，是我想學習的。

我發現我就不是這樣。只有我和女兒在的時候，我會比較霸道一點，有時候硬是將她抱過來，在她說不要的時候，還是催眠似地說：「好啦好啦！」然後就把臉湊上她嘟嘟嫩嫩的嘴邊肉，巴不得讓自己空空的胸臆吸滿她的寶寶香。當我看到老公和自己的差異，赫然發現在那些時候，我會希望她照著我的期望做，好像有一部分，是為了滿足我的「需要」。

我需要她在「平淡的」育嬰生活中，給我一點喜悅；我需要她在「掏空人的」母職工作裡，給我一點安慰；我需要她在「催人老去的」無情歲月裡，給我一點屬於嬰孩的生命活力。或許正因為在那樣的時刻，我為了自己，選擇輕忽她的意願，她常常哇哇叫地抗議著把我推開；而這樣的舉動又反過來加深了我的苦悶以及匱乏感，再次印證自己的想法：「自古以來媽媽真是吃力不討好，整天陪伴、做牛做馬，讓我抱一下、親一下也不要！」

有時更糟，抱怨之外還會加上比較：「那個誰誰誰，是因為偶爾才出現陪你，當然對你有無限愛心耐心……你卻愛他（她）勝過媽媽……」這樣的苦毒感，保證可以讓親子關係在接下來的半天都臭氣沖天。

適時調整自己，重新去愛

發現自己有這樣的心態，我有些心驚。心理學訓練與諮商實務經驗讓我知道，如果一個母親期待孩子對自己表現得親近和順服，並且唯有這樣才能夠得到喜悅與安慰，這種親子關係很可能過於沉重，對於母親與孩子，都是不健康的。

這層覺察，促使我再挖掘得更深一點，會不會我其實忘記了讓自己喜悅的能力，也沒有採取照顧自己的行動，所以我才那麼期待她要讓我感覺到喜悅，讓我感覺我的犧牲是值得的？我是否過著自認為身不由己的生活，背著自己被賦予的角色——母親，每天忙東忙西，看起來是在愛孩子、陪伴孩子、付出給家庭，卻同時深陷於自己的空虛匱乏之中，期待著老公和孩子應該要滿足我的心？

在母親節前夕，我有天委屈地決定將藏在心中的期待說出來：「我想要在母親節被好好鼓勵！」提醒老公千萬不要只記得我們的母親，忘了他身旁這個媽媽。我看似在為自己發聲，其實只是間接證實了我沒有好好照顧自己，也有一點想要讓他們知道，他們「欠我一些東西」，而這正是可能讓關係變質的毒素。

因此，今年母親節我決定送自己一份禮物：練習在每天的生活中，留給自己一小段空白的時間，好好照顧自己，讓愛重新滿盈，隨後才能流向身旁的人。真正的享受每一天，也享受著我有一部分的角色，是一個盡力去愛的母親。

心靈保健室

父母親對孩子不可能沒有期待，有些父母怕給孩子壓力，極力避免展現自己的任何期待，這在孩子的主觀經驗裡，卻可能覺得父母和自己關係很疏遠，或是在發展過程中感覺茫然無依、失去方向。

父母會期待孩子回應我們的情感需求，這其實是再自然不過的。不過，在正常情況下，孩子的回應會自然而然地從正向的親子關係中回流，強求不來。

如果我們常常感覺匱乏，期待被孩子的愛滿足，給自己一些有品質的安靜時間，好好檢視一下自己和伴侶以及自己和自己的關係。只要爸爸媽媽都開心，那麼全家很可能都可以開心！

兩歲小孩與兩歲媽媽
你才剛開始學習做媽媽，給自己多點耐心

面對兩歲的小孩，
我們也只是有兩年經驗的爸媽，
對於小孩的哭鬧常常會
手足無措、發怒失控，
而小孩對爸媽的情緒是很敏感的。
從孩子身上認清自己還經驗不足，
努力幫助自己成長。

時光行進著，一刻也不停留。不知不覺之間，又到了十二月下旬，街道上紛紛掛起繽紛的聖誕裝飾，提醒著人們，一年又將屆尾聲，也提醒著我，孩子即將兩歲了。

過去這一個多月來，我和她的互動多了好多緊張時刻。她沒來由地哭鬧，尤其是涉及危險的舉動，常常在我好說歹說、這樣做那樣做還是不成之後，惹得我火氣升高，過去不時需要擔心血壓太低的我，現在開始懷疑最近應該屢創新高。

每天類似的衝突或大或小，總是要上演個三、四次。一天下來，我真的很難維持喜樂的態度，也不是那麼能夠享受與孩子相處的時光。我花了許多努力，調節自己的煩躁和怒氣——大口大口地吐長氣，有時候甚至需要離開一下現場，重新整理思緒後再繼續和小怪獸過招。

在狂風暴雨過去之後，會有一些寧靜的時刻，那時候她總會有些不經意的表達，讓我久久無法忘懷。

她問：「媽媽，開心嗎？」

有一天，她一樣撒野崩潰了一陣子，成功安撫她之後，我提議一起畫畫，她也欣然接受。她自己塗鴉了一會兒，便請我幫她畫一些東西。

「畫爸爸好嗎？」

「好啊。」我說，畫了一個男人，嘴角彎彎往上。

「畫妹妹好嗎？」

「好啊。」我說，畫了一個小孩，嘴角彎彎往上。

「畫～媽媽好嗎？」

「好啊。」我說，畫了一個女人，嘴角彎彎往上。

她端詳了一下畫面，仰臉問我：「開心嗎？」

「什麼開心嗎？」我不解。

「媽媽，開心嗎？」她認真看著我的眼睛，沒有指著畫。我不知為何內心一酸。

她特別只問「媽媽開心嗎？」是不是因為我最近太少在她面前開心地笑？我想到了家族治療大師說的一句話：「無論看來多麼不在乎的孩子，其實總是在心裡看著父母，希望父母開心的。」

我親了親她軟軟的小臉，望進她黑白分明的眼睛，微笑著說：「媽媽開心啊！妹妹呢？開心嗎？」她看著我半晌，然後點點頭，笑了。

原來身為媽媽的我才兩歲

偶然看到一篇文章，作者描述她如何用心教育八歲的孩子，希望她能夠認真向學、展現才華，卻因孩子總難達成自己的期待而失望。當她發現自己愈是用力、愈是失望，愈是失望、愈容易情緒失控之後，她徵詢專家與前輩的經驗，靜下心來反省自己。

她體會到一個重要的事實：孩子所顯現的「問題」，其實很大程度是她和孩子互動出來的，於是她決定改變，在孩子八歲生日時寫了封道歉信給孩子，分享自己的體會，也表達自己願意努力調整，接納孩子獨特的優缺點。

孩子很貼心地擁抱媽媽表示自己願意原諒媽媽，而母子關係也真的產生變化，更奇妙的是，原本母親最擔心孩子的書寫表達能力，竟然在媽媽監督鬆綁之後突飛猛進。

有一天，媽媽應邀到班上聆聽孩子朗讀自己的作品，作者描繪孩子臉紅紅地上了台，念出以下的文章：「這是我的媽媽，她今年八歲了，因為她生下我之後，才是一個媽媽，我今年八歲，所以我媽媽也八歲。我八歲的媽媽，有時也不夠好，做事有點追求完美，偶爾還愛發脾氣……但是，我很愛她。因為，八歲的媽媽和八歲的我一樣，都不夠好，但都很努力。」

作者在台下聽得淚流滿面，被孩子跳脫框架的觀點所震撼，我也一樣。是啊！媽媽這個部分的我才兩歲，難怪我常常覺得自己在衝突中好無助，縮得好小、好小。

兩歲是孩子人生的第一個叛逆期，所以還難以應付身心經歷的風暴，那兩歲孩子的爸媽，也正在經歷人生第一個「被叛逆期」吧！試著理解和接納孩子，對他們多點耐心的同時，我們能不能也給自己多一點理解、接納和耐心？畢竟，我們無法給別人自己所缺乏的東西。

心靈保健室

在孩子邁向兩到三歲之際，常出現「情緒風暴」的挑戰，這時候，父母要先把自己穩住，從調節呼吸開始，再慢慢調節情緒，然後彷彿在心底扎根似的，向愛的源頭汲取力量。此時，我們才有機會接觸到小獸狂亂的心，幫助他漸漸平息，進一步帶領他，重新變回那個用澄澈的眼睛直見你我本心、用真誠直白的言語不時教導我們人生功課的奇妙小孩。

離開，為了回來

短暫的分開，讓親子關係更緊密

自己帶孩子的媽媽特別容易在
面對要和孩子分離時感到焦慮，
擔心孩子作息亂掉、適應不良、
認為別人沒自己那麼了解孩子等。
嘗試適度地分開，
對媽媽和孩子來說，
都是學習獨立的機會。
各自成長之後的相聚，
反而能增進感情。

年節前夕，家家戶戶都要大掃除，將一年下來的污垢清潔乾淨，除舊布新。前陣子，我的心很幸運地也展開了一場更新小旅行。

某天，聽到妹妹在籌備一場旅行，雖然目的地不是特別吸引我，但是莫名地，我感覺心裡好像有個聲音在喊著：應該趁著這次機會，暫離我一週七天、一天二十四小時不間斷的母親身分，重新整頓自己乾枯疲乏的心，以及面對孩子時，常被勾出的種種情緒。

從孩子出生以來到現在，我們每次不分開超過三天，我似乎需要透過這次機會，學習和孩子分開，我也隱約有種直覺：說不定孩子也準備好了！

給自己重新整頓情緒的機會

在取得老公與婆家的支持後，我非常感謝自己可以安心地把孩子交給他們，但是沒想到即便看似天時地利人和，我的內心卻還是經歷了一番幽微的掙扎。

首先，每次在與孩子共度睡前時光時，便會感覺內心有些不安，不由得上演一場內心戲：現在我們的默契不錯，她又那麼喜歡我為她說完故事再刷牙睡覺，如果換個環境與爺爺奶奶一起在大床過夜，一定又會弄亂她的作息，也會影響公婆的睡眠品質。

我真的有那麼想去嗎？要為了自己的玩樂犧牲這麼多人？

其次，是某天和公婆碰面的時候，他們誠懇地提醒：「你要記得先跟她說好喔！先前一、兩天還可以，這次去那麼多天，不知道她會不會吵著要找你。」我表面上鎮定地感謝他們提醒，內心的罪惡感卻彷彿鬼魅，張牙舞爪地指控著我怎麼那麼狠心，這麼多個晚上丟著孩子，她可能會因為想找媽媽找不到，最後哭著入睡，或是故作堅強，但卻整晚難以成眠。

「你就真的那麼想去？」那黑影挑著眉問我。當我跟老公聊到這樣的感覺時，他並沒有數落我得了便宜還賣乖，而是很乾脆地說：「不用這樣想啦，就好好去放鬆吧！」

針對我擔心帶給公婆負擔以及孩子不知能否適應的問題，他也表示自己可以回爸媽家陪孩子過夜幾天，要我放心。他所展現的接納與支持，幫助我忐忑不安的心能夠安定下來，並且能更相信心中那微弱的另一派想法：「我想我和孩子都需要這趟旅行」，也因此得以將注意力往前放：預備讓孩子獨自度過這五天，並且預備自己可以好好享受旅行。

為孩子做好心理建設

從出發前一週的某個晚上起，我就開始在睡前故事時間跟孩子說自己編的「媽媽去遠行」。故事主角包括了小莉、小莉的爸媽和爺爺奶奶，大意是媽媽告訴小莉她需要去遠方五天，小莉捨不得地問了媽媽許多問題，包括：「想媽媽的時候怎麼辦？」、「媽媽什麼時候回來？」媽媽一一耐心回答，然後伸出手來，屈指數給小莉看：第一天、第二天、第三天、第四天、第五天，這天媽媽就回來了！

這招對最近剛接觸手指歌謠的女兒來說非常受用，她一邊喝奶一邊張大眼睛看我，似乎感到驚奇又有趣。隨著時間推近，我開始告訴她，下週她會去住爺爺奶奶家，她很期待，那邊總是有好玩好吃的。我又說：「媽媽會去別的地方五天，跟小莉的媽媽一樣。」然後我們再次一起複習，想媽媽的時候怎麼辦？

「摸著心，閉上眼睛就看到媽媽。」

媽媽幾天會回來呢？「一、二、三、四、五，第五天媽媽就回來了。」

過程中她有時會撒嬌地表示不依，但似乎也有一點期待，最後總是笑瞇瞇地點頭與我達成約定，我的心也漸漸感覺踏實一些。

放鬆，發覺自己的改變

在旅遊行程的部分，我盡可能讓一切隨性輕鬆，刻意安排了兩天遠離大城市，住進慢活水鄉，讓心思步調放慢沉澱。我知道這是我需要的，很幸運地旅伴也十分期待這樣的行程，因此便將此優先安排起來。我想，這是我能夠為自己做的，而當我的心重新緩和下來，我相信所給出的愛也將更為宜人。

旅行時，受到當地家人好友的款待，可以盡情放鬆，不用抓緊時間表以求維持孩子的生活規律。到了水鄉時，可以安靜地坐在冷冽的水岸邊發呆，浸泡在美景中，盡情地享受「不做什麼」。用換一片尿布的時間，框取平衡的實景和倒影；用照顧孩子用餐的時間，隨興地東嘗西嘗，順便聽聽鄰桌客人的互動，或是與路人閒聊幾句。

我發現，我竟然沒有想像中那麼想念孩子——比起以前離開孩子一晚就開始一直想著她在做什麼。這次因為走入了全新的環境，加上公婆偶爾傳來她適應良好的照片，我好像也就在心裡慢慢鬆開緊抱著她的手，可以將注意力回到自己、回到此時此刻。

不過，我仍然沒有完全回到單身時的狀態，看到妹妹慢條斯理的梳洗、保養，我發現自己已經習慣迅速簡短的戰鬥洗漱；我還發現，我鏡頭獵取的畫面也改變了，旅途中小孩與家人的互動總是不經意地成了我視線的焦點，看著看著，心中漾出的不是對自己孩子想念的酸楚，而是對於「孩子」這一種存在所蘊含的美善之想望。

孩子也有她的收穫與成長

飛逝的五天，我得以暫時放下照顧者的角色，享受一下被照顧，或不需特別照顧別人的狀態。看著公婆傳來的照片，覺得孩子好像不太一樣了，說不上是怎麼回事，好像是頭髮長了？又好像是神情突然成熟了些？

有一、兩次視訊，她開心地叫我，但又不太戀棧，短短說一下話就想跑去玩，毫無困難地結束對話。我有一點點失落，但更多的是感動，我知道這代表公婆和小姑用許多的愛與歡笑包圍著她，她也很享受她的第一次長天數外宿時光。

當第五天到來，我回到家中，走到正在吃飯的女兒面前時，她吃驚了一下，露出一個擠眉弄眼的撒嬌臉，似乎開心見到我，但又多了些獨立自持的能力，後來才忍不住嚷著想要下桌給媽媽抱抱。她和爸爸及爺爺奶奶的關係也在這幾天中變得更有默契、更親近，充滿他們專屬的故事。我想，我和她都同意，這次的分開小旅行，我們的獲得都比失去多，我也深知能有這樣的機會，來自兩方家人的幫助和體諒，我非常感謝他們。

以往的分離，彷彿將心遺留在孩子身上，這次，心則留在我自己這裡，想念會像雲朵般飄來一會兒，但稍後也會飄開。有趣的是，我發現孩子似乎也是這樣，當我們重聚時，她對我做了一個饒富深意的撒嬌表情，我則感覺自己像是重新充飽了電，帶著更多的故事與能量回來，能夠更有彈性與力量去陪伴家人孩子。

這趟小旅行讓我深刻體會到：離開，是為了回來。

心靈保健室

我深知有些辛苦的父母不一定有餘裕負擔這樣的單飛小旅行，但是，真的很想鼓勵在生活夾縫中求生存的爸爸媽媽們，如果有機會，趁著休假，給彼此一個小小的單飛放空時間，做些一直想做、真正能夠為自己充電的事情。相信我，這份給予彼此的禮物會非常值得；而孩子，如果你用心準備，也會比我們想像中更能夠適應，互相都能因此獲益！

當二寶來報到（上）
擔心大寶被冷落或不需要媽媽的矛盾心情

懷第二個寶寶，
除了要再次體驗當孕婦的辛苦，
還要面臨同時得照顧
第一個小孩的挑戰。
無暇兼顧的時候，
身體的軟弱容易誘發內心的罪惡感，
擔心起自己是否
沒有做好媽媽的角色。

在大寶大概兩歲的時候，我和老公討論了好幾個月，終於我們都同意預備生養第二個孩子，希望讓孩子在長大的過程中，有手足可以彼此陪伴、商量。雖然對於經濟以及體力、心力的各種負擔感到有些壓力，但還是覺得不這麼做的話，將來很有可能會後悔，所以二寶可以說是在計劃與期盼中降臨的，但沒想到，真的踏上準二寶媽的旅程，身心還是充滿挑戰。

突如其來的分離，心裡空了一塊

首先是備孕前期一路到懷孕初期，因為抵抗力低下而不斷和孩子一起經歷大大小小的感冒，最嚴重的是我在剛懷孕時，就帶著原本沒好的感冒症狀，又被先生傳染了A流，一家三口只有先前打過疫苗的小妞症狀最輕，為了保護孩子，我們決定將她送到公婆家隔離幾天。忙著到醫院做快篩，緊接著回家幫孩子打包的我，不像上次去旅行可以好好預備她去爺爺奶奶家一住五天，這次，她很快就被公婆帶走了。

已經被感冒症狀折磨多日的我，常常在和孩子的互動中顯得缺乏耐心。偏偏生病的孩子又特別磨人，很多小事都不願意配合，不斷流鼻水打噴嚏的我，實在沒有辦法好好說話，要嘛面露凶光，希望她快點就範；要嘛呈現放棄狀態，隨便她愛怎樣就怎樣。也許是因為這樣，這幾天和她分開，我一方面覺得鬆了口氣，一方面卻也覺得不太踏實，好像突然就把她丟給別人，卻沒有在彼此心中存下足夠的愛。

公婆不時傳來她的照片、報告她自己坐小馬桶、乖乖吃飯等小突破，但不知道是發燒痠痛讓人想太多，還是因為公婆幫她綁了新髮型，我總覺得她看上去好陌生。

視訊通話時，這樣的感受更加強烈，陌生的神情、陌生的反應、陌生的聲音⋯⋯

「你也這麼覺得嗎？」我問老公。

「不會啊。有嗎？我不覺得啊！」他說。

是我的錯覺嗎？我開始感覺到，小姑娘不再像以前那樣需要我了。

螢幕上她問：「媽媽你有好一點嗎？」我說有。

「寶貝你有出去玩嗎？有乖乖聽話嗎？」她說有。

閒聊一下後我說：「我愛妳。」她還記得我們的默契，回應：「我也愛妳，好愛好愛。」接著突然沒有間斷地說出「掰掰！」，然後電話就掛斷了。

意識到自己內心的百感交集

她的表達嘗起來味道還是甜的，可是卻不像以前彷彿麥芽糖般黏膩拉絲了，反而有一種硬糖般的乾脆俐落。我想我應該感到安慰：小女孩長大了，會關心媽媽，也更獨立了，但是內心也有一絲悵然；好像，也有一點罪惡感。我竟然有點擔心自己前些日子在她心中不夠好，以致她沒有和我在一起反而開心。

生病的夜裡，咳嗽加上痠痛，輾轉難眠，似乎昏昏沉沉睡著的過程中，夢到一個老太太與心愛的人重逢，醒來後，發現自己在做夢，腦海中瞬間跳出一句話：「我好想我的寶貝。」然後竟然就這樣哭了出來，驚醒身旁沉睡的老公。

和早已是二寶媽的好友聊天，她充滿理解地分享自己生二寶坐月子時與老大重逢後的多愁善感，然後不忘虧我一句：「一切才剛開始呢！」

心靈保健室

懷了新的孩子，媽媽往往首當其衝面對身心的變化和挑戰，爸爸則可能慢慢才感受到經濟上的壓力。這個階段，爸爸如果可以主動接手，多與老大創造好的親子時間，同時給予妻子支持和鼓勵，一定會為這個家的安定和幸福感大大加分！

當二寶來報到（下）

化解老大情結，準備好迎接新成員

通常老大在知道即將有個
弟弟或妹妹的時候，
第一個反應不是開心而是擔憂，
害怕爸爸媽媽的愛被搶走。
這時候，特別需要父母的陪伴，
和他一起為家裡將有個新成員做準備。

這一胎，害喜的狀況比上一胎嚴重得多，幾乎每天晚上安頓好大寶後，都會感受到一陣又一陣即將氾濫的湧浪在胃裡翻騰，接著便衝向馬桶吐出一灘白色泡泡和些許食物殘渣。因為吐的時間多了，每次在醞釀著要吐的時候，總會感覺自己像是身心分離似的，腦海不由自主地閃過各種貼近感受的比喻。

我彷彿看到自己的胃像是聖誕節或紀念品店架上的玻璃雪球，裡面的海水正被人瘋狂地搖晃，當中無助的小船也跟著上下顛簸。每吐出一口，下一波湧浪又迫不及待地壓縮、湧上，伴隨著渾身的冷汗與失控感，所能做的只有抓緊馬桶邊緣，向平時不會探頭低視的馬桶水面盡量靠近，吐完後拿衛生紙擦著伴隨而出的鼻水和眼淚，等待這一波震盪慢慢平息。

寶寶出生了，你還會愛我嗎？

身體經驗著許多變化與不舒服，雖然並不是全然陌生的經驗，但是這一次我沒有辦法專心照顧自己，不能想休息就休息，我也差點忘記就在身邊的大寶也開始感覺到媽媽和以往不太一樣了。

無意中，我常因為身體不適，很多注意力都不由自主地轉向身體的各種感覺，包容忍耐的意志力似乎也在這樣的過程中被快速消耗著。這時候，面對身旁活蹦亂跳、不斷堅持主見的大寶，真的很容易理智斷線，而媽媽口氣的急躁與心情的無力，又讓孩子要嘛更生氣更反抗，要嘛更不安更黏膩。總之，我們一大一小的雙人舞，也因為換上了新舞步，而不時踩到對方的腳。

有一天起床後不久，我讓她自己玩，然後又昏昏沉沉地躺回床上。

孩子跑來我旁邊撒嬌說：「媽媽妳好棒。」

「怎麼說呢？」我有點開心，但更多的是不解，她會說我什麼很棒呢？

結果她說：「妳穿得好棒。」

我那天穿什麼？應該就是普通的白 T-shirt、居家短褲吧。有個直覺閃過，她只是想跟我找話聊。

接著她說：「我想坐在妳懷裡聽妳講故事。」

她晃了晃手中的繪本，那是我特地借來的《寶寶出生了，妳還會愛我嗎？》，我心裡隱隱一動，接住了她釋出的小小心思。

「坐上來吧！」我說。

故事是這樣的：小熊開始發現媽媽的異狀，行動變慢、體力變差、肚子變大，當熊媽媽認真地把小熊叫到面前，慢慢地跟他宣布有了小寶寶這個重大消息時，小熊很糾結地向媽媽說出他心中的疑問：「可是，生了小寶寶之後，妳還會愛我嗎？」

媽媽用各種比喻細細地貼近孩子的擔心，保證自己對他的愛不會改變。孩子還是繼續問著他的問題：可是寶寶會哭、寶寶什麼都不會做、寶寶會一直跟著我們……，媽媽也一一回應。最後小熊終於回答：好吧，有一個弟弟應該不錯。但是，只能有一個喔！故事給了出乎意料的結局，幽默地給了小熊一個「驚喜」，且讓我在這邊賣賣關子。

藉由共讀向大寶傳遞訊息

聽完故事，我也把握機會跟大寶宣布：「媽媽肚子裡也有一個小寶寶喔！」我心想，最愛與阿姨們的新生寶寶接近的她，應該會很開心自己終於要當姊姊了。沒想到，女兒仰起頭，認真地問我：「生了小寶寶以後，妳還會愛我嗎？」

「我還會愛妳啊，好愛好愛。」

她看了我一會兒，然後安心地跑開玩耍。

那天之後，她時不時就會再問我一次：「生了小寶寶以後，妳還會愛我嗎？」這讓我驚覺，或許她前陣子的不合作，有一部分也是因為感受到我的變化，所以心裡覺得不安吧？

我猜想對孩子來說，只能模模糊糊地看著媽媽的肚子想像著，一直要到寶寶出來了，才會有更多悲喜交加的真實感覺逐一浮現。除了事前透過繪本共讀讓孩子有心理準備，我也開始思考，在她最後可以獨享爸媽的愛時，想與她一起累積什麼回憶、如何在她的心中存入更多愛與安全感、也預備她當姊姊的榮譽感。

在平常的互動中，多提及二寶

我開始不時邀請她和肚子裡的小寶寶說話，她會輕靠著我的肚子說：「小 baby 好可愛喔，我愛妳！」我心想，妳都沒還見過她，怎麼知道她很可愛呢？但女兒好像就是這麼簡單而堅定地相信著。

我也試著在和女兒相處時，提到肚子裡的寶寶，營造她的存在感。有一次，女兒聽到我的作嘔聲，跑過來關心地問：「媽媽，你怎麼了，你感冒了嗎？」

我說沒有，可是懷著小寶寶有時候會想吐。

她說：「喔？是因為小 baby 感冒嗎？」我不禁莞爾。

懷孕後，每兩、三小時就感到飢餓，一餓就頭昏、反胃，有一天我提早煮了兩人份的午餐後，決定先坐下來餵飽自己，一面跟在房間玩的大寶說：「媽咪先餵小 baby 吃囉，等一下再陪你吃飯。」只見她驚訝地探頭出來看著我說：「小 baby 生出來囉？」認真的神情教我忍俊不住。。我開始感覺到多一個小生命加入我們的樂趣了，相信接下來還有許多有意思的故事將會陸續登場！

心靈保健室

心理學有種說法，母親像是一個容器，初時以子宮容納胎兒，其後以心理空間容納這個初來乍到的新生命。接受自此之後，生命中多了對一個「新人」的牽掛。而這樣的概念，對爸爸來說，往往要等到孩子真的出現在眼前了，才慢慢開始有感。

隨著孩子長大，這個心理空間也需要隨之擴充，因為孩子開始多了自己的意見和行動，許多時候不願意留在原本父母劃定的舒適圈內，而迫切地想要往外探索，這對每一對父母都是不小的挑戰。

然後，即便孩子長大離家了，或是比父母還早離開了人世，父母的心中仍將永遠留著當初騰給這個孩子的位置，永遠清空不了。

與大寶的分離焦慮

大人小孩都需要練習獨立

不是只有小孩會有分離焦慮，
媽媽也會，
而且媽媽的情緒
會在不自覺中感染孩子。
因此，媽媽要先練習放寬心，
才能把正能量傳遞到小孩身上。

卸貨倒數一個月，我有天突發奇想，好奇地在粉專社群中調查了一下，如果時光再來一次，大家在二寶報到前的倒數一個月會想要多做些什麼？

有人回答多出去玩、看電影、完全放空；有人回答多陪陪大寶，一起留下獨特的回憶。我也開始列出自己想做的事，以及想與大寶一起累積的回憶，並且一項項地試著實踐，例如一起去兒童新樂園、一起看電影、一起在家做鬆餅、舉辦孩子的生日慶祝會，以及製作要送給她的相本等。

媽媽和大寶都感到不安

製作相本的初衷，是希望透過這本蒐集了過去一年來我們經歷的特別時光的小書，讓她在翻閱時能夠重新連結那些回憶中蘊含的愛與溫暖，記得爸爸媽媽的愛，可是偏偏老公無心的一句：「到時候你去坐月子，她會不會看了反而更觸景傷情啊？」讓我心裡開始泛起懷疑的波瀾，不太確定這個決定是好還是不好。

另一方面，女兒不知道是不是看到我肚子愈來愈大，內心也隱隱知道時候快到了，老早可以自己入睡的她，最近又開始黏我，不但明白表示不要爸爸陪，還會不斷要求延長我待在她身旁的時間，並且幾乎每天都會在半夜醒來，哭著要找媽媽。

我看在眼裡，除了捨不得並試著想辦法安撫她之外，心中的漣漪似乎也愈來愈大，那是一種不安與憂慮，思忖著：現在就這樣了，到時候將有好幾週的時間與媽媽分開，她又會如何呢？

讓孩子有機會嘗試獨立

在一個例行請公婆幫忙照看她的日子裡，公公問她要不要留在爺奶家過夜，她一開始說不要，後來好像又有點猶豫，我請公公再跟她溝通看看，但是心中只快速想了一下背包中的日用品夠再留一天，卻忘了沒幫帶上她夜晚睡覺的安撫小物。

傍晚時，透過訊息向公公確認孩子是否留宿，阿公立刻幫她撥了電話來，電話那頭的她一派輕鬆地說：「媽媽，我今天要睡阿公家喔。」

我說：「好啊，那我們明天碰面唷。要乖乖，我愛妳。」

「我也愛妳，明天見喔！」我想這樣多練習也好，心中也替她高興能夠欣然做出這樣的選擇。

這一頭，我和老公也想好好把握難得的兩人時光，老公選了他一直想看的電影，梳洗過後我們就把手機都放得遠遠的，專心地看著電影。

透過禱告安撫孩子的情緒

等到電影看完，已經十一點半了。我把手機拿過來，突然看到十點半時有好幾通公公的來電，當中夾雜一則訊息：「她吵著要去找媽媽，怎麼辦？」

我大吃一驚，趕緊回電，公公在電話那頭苦笑著說：「她剛在哭，說要找媽媽，還沒睡哩！」電話交到孩子手上，軟軟的奶音傳來：「媽媽，我剛剛哭哭了，我想妳，妳過來找我好嗎？」

我聽得心都要融化了，但是已經這麼晚了，不方便這時再讓她回家，我於是抱著置之死地而後生的心情，決定試著透過言語傳遞我們這陣子努力累積的默契，盡量安撫她：「寶貝，媽媽就在妳心裡呀，記得我留在妳手上的魔法親親嗎[1]？感覺一下。」

「可是我看不到妳。」

「閉上眼睛，我就在妳心裡呀。」

我靈光一閃，想到睡前和孩子總會一起禱告後再讓她躺下，因此向她提議：「寶

1 魔法親親出自同名繪本，是故事中浣熊媽媽留在要去上學的小浣熊手心的隱形愛之吻。

貝，睡覺起來明天我們就碰面囉，那現在媽媽跟妳一起禱告好嗎？」

「親愛的主耶穌，請幫助寶貝可以平靜、安心，想念媽媽的心可以被安慰，可以睡個舒服的好覺……」

電話旁邊響起公婆的催促聲，要她趕快喝牛奶、喝完趕快躺下睡覺，我猜想是因為沒開擴音，他們一時不知道女兒為何不講話了，一方面也真的好晚了，想要趕快讓她躺平休息。

在各種情緒與焦躁當中，我努力讓自己先靜下心來，希望透過禱告，將這樣的平靜與安心也傳遞給孩子。

「我也要禱告」女兒說。「親愛的耶穌，請幫助我可以見到媽媽。奉主耶穌的名求，阿們。」

聽到她真摯的願望，我不太確定她是接受了在心中看見我這樣的抽象概念，還是仍然希望我可以過去找她，免不了又揪心了一下。

很特別地，禱告完，她也就願意掛上電話。我們互道晚安、表達愛意。

「明天見囉。」我說。「晚安媽媽。」她也很平靜地說了再見。

學習放下牽掛

掛上電話，我試著覺察自己內心的感覺：好像有一個風箏，被風吹得愈飛愈高，風箏線不斷地延展、拉長，同時心中的線軸也轆轆地不斷滾動著。說傷心、擔心可能都太過了，但是，就是牽掛著。

我跟身旁的老公說了電話中的互動，然後幽幽地說：「怎麼辦呢？之後住院，還有坐月子的時候？」

老公說：「睡吧，先別想那麼多了。」

老公這種生物好像真的不太能體會這種時刻做母親的心情，但他說的也沒錯，現在多想也沒有多大幫助。我只好安慰自己，這次是因為倉促，安撫小物都沒帶到，之後會準備得更好。同時我也在心裡默默期盼著，孩子會透過正式分開前的這些小練習，而對分離更有信心，體會到重逢後關愛並沒有變少、連結並沒有斷裂，因此能長出新的力量，而不是平添內心的傷痕。

回想這陣子和女兒的互動，我突然發現，我們的狀態密切地彼此影響著。當我因為想著即將到來的離別而懷抱著不安與罪惡感和孩子互動時，她好像也能接收到這樣幽微的訊號，因此顯得更加害怕、更加黏我；而當我能夠比較平穩地，一方面同理她的情感需要，一方面帶著信心，知道這些都是過渡期，我們一家終能一起安然度過，孩子似乎也比較可以從情緒的交纏中鬆脫，讓感受比較輕盈地來去。

果然，隔天公婆傳來照片並說她早上起來就沒再提到昨晚的事，順利變回那個愛玩、愛笑又調皮搗蛋的小女孩了。接她回家後，我也練習著將這次的體會付諸實踐，在日常生活中多放入一對一專注陪伴她的時間，優閒地講故事、親密地親親抱抱，大量表達對她的愛，看著她在那些時刻滿溢的笑容，我自己心裡也覺得踏實不少！

心靈保健室

「分離焦慮」是嬰幼兒發展過程中的正常現象，通常出現在寶寶七到九個月大、與主要照顧者形成了特定的依附關係後，一旦面臨要與主要照顧者分離，可能會出現哭鬧不安的反應。

這樣的情形在寶寶一至一歲半間達到高峰，不過一般來說，如果孩子能夠從依附關係中累積足夠的信任與安全感，加上各方面能力的增長，到二至三歲左右，孩子會慢慢了解照顧者離開後會再回來，也更有意願獨立探索世界，這時，分離焦慮通常會逐漸下降。

二寶生產記

在事與願違中重拾平安

每一胎的生產過程都不一樣，
因此不管當幾次媽媽
都是一次新的經驗，
面對非事先可預期的狀況，
盡己所能，
並接受有人力不可控的因素存在，
也相信生命有最好的安排。

作為父母，我們都想要盡力讓孩子不受傷害，並且在能力範圍內給他最好的。正因為這樣，用心的父母可能會預想很多情境，為孩子做很多盤算與張羅，可是很多時候卻可能人算不如天算、計畫趕不上變化。

二寶的出生，恰巧碰上新冠病毒大爆發，雖然台灣的疫情不嚴峻，但是隨著全球各地病例不斷增加，台灣也記取當年SARS的教訓，各醫療、教育機關為了防範疫情擴大，莫不開始修改既有的政策和開學時程。

首當其衝的醫療院所，為了減少進出人數，在我們入院報到準備生產時才知道，陪病者或訪客一次只能有一個人在，並且強烈建議非必要別帶小孩子來醫院，這樣的規定，使得我們原本想讓大寶在我住院期間，由爺爺奶奶帶來和二寶相見歡的盤算泡湯。我剖腹產必須住院五天，硬生生得和大寶隔絕那麼長一段時間不能碰面，這讓原本就很牽掛大寶的我，心中蒙上一層陰影，理智上雖知道這是為了孩子的健康著想，但心中還是有些不捨。

在混亂與昏沉中完成剖腹產

不知道是因為剛過完農曆年，還是大家擔心之後疫情加重想趕快安排開刀，我們原定要在開刀前一晚入住報到，那天竟被告知沒有病床，要隔天一早直接到產房報到。

清早六點半到院時，還看到另外兩位產婦也來報到，聽護士說才知道今天產房的刀也非常多，我躺著預備手術的時候，聽著旁邊的護理師一邊忙一邊談到人力吃緊，今天好幾台刀時間也卡得很緊，醫生叫他們盡早把我從產房推進手術室預備，以免產房那邊塞車。

開始施打麻藥時，醫生試了幾下我還是覺得痛，大家等了一會兒，醫生突然一聲令下將我改成全麻，我都還來不及反應便沉沉睡去。等我再醒來時，看看周圍，感覺自己已不在開刀房，身旁沒有認識的人，牆上的時間顯示似乎已經十一點多。摸了摸肚子，好像有一包紗布鼓鼓的，心想孩子應該已經生出來了吧！

視線還是模模糊糊的，感覺也仍舊疲憊，幾乎可以馬上再睡著，只是心裡一直記掛著我還沒看到孩子，也沒像生大寶時那樣，讓初出母腹的她聽聽我的聲音、和我肌膚接觸，陪伴她度過乍抵世界的驚慌和陌生。昏昏沉沉不知又過了多久，護士和家人走過來了解我的狀況，我這才請先生趕緊讓我看看孩子的照片，也聽他說了些二寶出生時的情況。

隨著意識愈來愈清醒，各種不同的痛也陣陣襲來。火辣辣的、從裡面深層痛到外面的傷口痛；鈍鈍的、左右側腹部內的子宮收縮痛；接點滴的手臂施打針劑時彷彿血管即將爆裂的痠與脹。真是一痛未平一痛又起。

我試著用深呼吸接納而不是抗拒這些疼痛，試著與它們和平共處，想像並感謝著這些痛分別代表的意義——身體每個部位都在孩子來到世上的過程中，乘載了一些甜蜜的負荷。

無法第一時間親餵寶寶的遺憾

第一胎時，因為捨不得小寶寶一個人在嬰兒室，我第二天就努力忍痛練習下床親餵，沒想到這一次因為疫情，醫院一律不准嬰兒送至病房，加上我因麻醉插管喉嚨腫痛多痰，又有親戚過年從內地回來，主治醫師便建議我自主觀察兩天，第三天情況好轉再下樓親餵。

我同意也明白這些規定背後是要保護嬰兒，但是心裡總有好多不捨，脆弱善感的媽媽直想著寶寶會不會從出生開始就覺得自己被拋棄了，怎麼都沒有熟悉的聲音和味道在她身邊……。我刻意迴避不敢放任自己細想，因此有好幾天時間，心情也和外在的傷口一樣，呈現術後的麻木與腫脹，平靜無波卻也難以喜樂，只能試著專注在自己眼下的每一個康復小目標，例如收集初乳、排氣、補眠服藥增加復原力、拆尿管、拆點滴等，把握這兩天時間讓自己恢復到比較好的狀態。

臨近第二晚的嬰兒室探訪時間，我心想不能親餵總可以隔著玻璃窗看看她吧？便請老公用輪椅推我下去。看到玻璃窗內的二寶獨自躺著哇哇哭嚎，忍不住向護理師詢問她是不是餓了？護理師回答才剛吃過，接著很淡然地說：「這個階段的孩子只能用哭表達，他們哭一哭沒關係的，就像運動一樣。」這話一說，直直戳中我這個心理專業人員的心，我有點感嘆也有些訝異，同樣是醫事人員，我們各自著重的訓練仍有頗大差距，好像大部分醫療人員對於嬰幼兒的心理需求還是沒有那麼看重？

寶寶會認媽媽的味道和聲音

我猜想她以為我是新手媽媽，想勸我不用大驚小怪，但我還是鼓起勇氣向她表達：「這我知道，只是我從孩子出生到現在兩天，都還沒有抱到她……」後面的話還沒說完，這位護理師也很敏銳地馬上回應：「那，妳想抱抱她嗎？」接著便指示我去消毒雙手、穿上隔離衣，她則轉頭預備將孩子抱給我。她看了一眼我的電腦病歷，詢問我喉嚨不適的狀況，評估後還是讓我在餵奶室抱了抱孩子，這讓我感到非常窩心。

護理師將哭鬧不安的孩子交到我的手裡，我輕輕地跟寶寶說：「寶貝，是我，媽媽來了，抱歉剛出生時沒辦法抱抱妳，現在才來看妳。」很神奇地，孩子吸了吸鼻子，很快就安靜下來，努力想要張開眼睛看看我似的，但很快又不敵睡意閉上眼睛睡著了。我的心裡有說不出的感動翻騰著，這樣的經歷已經不是第一次，但再次親身驗證還是教人敬畏。如果媽媽的味道或聲音兩三下就可以叫不安的嬰孩靜定下來，別人又怎麼能堅持說嬰孩不會認人、哭只是在運動、誰來照顧都沒差呢？

當晚回到病房，每隔幾小時便需要起來擠奶的我，睡眠早已亂了序。半夜裡我起來擠完奶，一個人無法入睡，思緒開始飛馳，我想起心理學的某些實驗和學說，提到如果孩子們在生命早期感受到被拋棄，會對他們的人格和心理造成何等影響，而這些我極力想避免發生在大寶、二寶身上的事，卻在這個非常時期都發生了，我原先的規劃終究無法如願進行。

生命中的不可控就交給信仰

我憂慮著這幾日來的分離對孩子們造成的影響，但是心裡也很清楚，憂慮終究不能改變什麼。我也想到，生產前和心理專業同儕一起學習一個人「生命腳本」的形成，發現每個孩子對於生命中不同的經歷要產生何種解讀與結論，實在是充滿了原創性，也就是說，這沒有一定的規則可循。同樣與父母不得不短暫分開的經歷，A可能產生正向的觀點，感受到爸媽的不容易，而在內心決定更加體諒懂事；B可能解讀為爸媽不愛自己、拋棄自己，決定不能信任爸媽。而這些不同的內在決定也沒有絕對的好壞，個性總是一體兩面。

即便是我和同儕在接受專業訓練時經過一定程度的自我整理，對於過往的生命經歷有一些新的發現，也正因為這樣，當我們回首整理自己的生命腳本時，都不禁詫異當年怎麼會就抓著那一兩個童年的回憶或畫面，決定了某些信念，就這樣一路被那腳本影響到現在！

既然是這樣，那作為父母的，是不是再怎麼努力想要盡善盡美都可能事與願違呢？孩子要怎麼理解、怎麼感受，不是我們能控制的，更何況沒有人是完美的，每對父母同樣有自己的限制與弱點。那麼，究竟該怎麼辦呢？

思緒至此，我突然感受到一股平安，那是從信仰而來的、對於生命的信任與盼望。或許每個人有自己所信靠的、不同的「神」，但我想，這樣一份力量會是每個人、尤其是父母，非常需要的底氣。在禱告中，當我與上帝連結，我體會到心理學理論並不比生命本身還大，這些研究、學說能幫助我理解別人，但是它們不應該成為枷鎖，甚至變成使我們憂慮的來源，讓我們因此看不到其他可能性，而走入命定論的死胡同中。

於是，我明白了，我的所學幫助我可以略略猜出大寶、二寶在每個情境中可能的需要，然後盡可能在外在的限制下，做我能做的，也將其他力有未逮的地方，交託給生命的主宰，相信祂將會為他們、為我們家，做最美好的安排、隨時的幫助。

「你們中間誰能用憂慮使自己的壽命延長一刻呢？既然連這極小的事都不能做，為什麼還憂慮其他的事呢？」（聖經〈路加福音 12:25～26〉新譯本）

心靈保健室

心理學中的「生命腳本」一詞是由溝通分析學派的伯恩（Eric.Berne）所提出，伯恩認為人的一生受到早年經驗的影響很大，孩子從出生開始，便會以不成熟的方式理解自己的各種身心經驗，並且依照那些解釋進一步活出自己的想像。伯恩為這個詞所做的定義可以清楚摘要生命腳本在一個人的一生中如何運作：「生命腳本是童年時針對一生的計劃，被父母親所強化，從生活的經驗得到證明，經過選擇而達到高潮。」

勇敢是帶著恐懼仍舊前行

用愛戰勝緊張的親子關係

當家裡有第二個寶寶出現的時候，
常常和第一個孩子之間
關係也會產生張力，
孩子害怕失去，媽媽害怕失衡，
但只要明白彼此是愛對方的，
就能突破相處的障礙。

「沒差，反正他就是這樣，我早就習慣了，不期不待，沒有傷害。」常遇到一些案主一開始看似對某個關係表現淡然，但在深聊之下便會發現，愈冰冷的態度往往是為了掩飾愈炙熱的傷心。原來，冷漠與距離，不是因為不在乎，而是因為太在乎了，所以特別受傷，而太受傷了，便沒有勇氣再嘗試靠近。

害怕受傷而改變了相處模式

最近在與大寶的互動中，我也發現自己有相似的感受。因為明白新成員的加入可能對大寶帶來衝擊，我很用心地想讓她多些體會被愛的機會，減少內心的不安和失落。我「怕」她像我小時候一樣，因為弟妹的加入而被迫太快長大，我希望她可以用自己的步調學習當姊姊，並且仍然可以自在地享受當個孩子。

這個害怕，驅使我帶著一種特定的觀點來詮釋她的一舉一動。當她到月子中心來看我時，臨走前淡淡地一句：「爸爸媽媽不要丟下我嘛！」隨後又自己說出我們曾跟她說的話：「爸爸媽媽我在你們心裡對嗎？你們也在我心裡，所以不用怕，對不對？」我心中溫熱感動，但也有些擔憂，覺得她好像真的有點難過。

因為「害怕」她受傷，所以我在後來與她的互動中，不由自主地更順著她，希望讓她感受到媽媽的愛沒有因為小寶寶的到來而變少。可是當我因為試著滿足她的各種要求而不斷壓縮自己的需要和感受，一次次地推升自己的極限，卻看到她還是不滿意、不合作時，我的怒氣與挫折感也不斷累積。

我試圖壓抑怒氣，耐著性子再次提醒她趕快做該做的事，她生氣又難過地否認我的情緒：「妳沒有生氣！」我深吸一口氣：「我現在還是溫柔地在說，但媽媽真的快要生氣了。」原本希望這樣的溫和警告可以促使她識時務，沒想到她卻因為「害怕」我真的生氣而卡住，反覆跳針地哭叫著：「妳沒有溫柔！妳現在沒有溫柔！」

為了避免衝突而選擇疏離

這樣的劇碼可以上演個半小時，有幾次最後的結局就是我和她都爆炸了，我的怒火也無法使她安靜下來，只見她扯開嗓子放聲大哭變成發狂小獸，最後兩人都被對方的情緒所傷，然後我的理智催促我將自己的感受放在一旁，想辦法先讓孩子別再暴走，事後再看看能不能展開談話，與孩子一起梳理過程。只是那談話能否進入孩子的心中，避免下次發生同樣慘狀，我實在也無法確定。

幾次這樣的互動下來，我發現自己心中隱隱有一種感覺不斷壯大：我很想避免和她再生衝突。甚至，我很想避免和她接觸。這感覺，好像是我害怕自己的女兒。

一來怕自己在她耍賴撒野需要教導時「治不了她」；二來怕她在這過程中動輒情緒崩潰，而我無法使她平靜下來，並且我也不願意為了安撫她而遷就寵溺，任其為所欲為。我還怕，她這樣的性格會使她在人際關係中吃大虧，也許是磨損家人對她的愛，也許是使得她養成一種自我的狀態，在學校成為不受歡迎的孩子。

這些害怕驅使我下意識地產生一些反應：我開始慶幸有些時候她不在身邊；我開始逃避與她互動，派出似乎較能「收服」她的老公出馬去和她相處，由他代表向女兒傳遞我們愛她的訊息；我開始不再多問她在公婆家如何，只要看她在照片裡好像玩得很開心就好，事實上她是否也給公婆帶來一些麻煩，我實在不太想知道。

可以勝過恐懼的，是愛

這些害怕使我想與她保持距離，因為距離帶來美感。儘管這樣的想法非我初衷，並且我的心在我寫下這些文字的同時，仍不時控訴自己是個無能又不負責任的母親。我知道自己儘管帶著這些感受，但我並非不愛她、不想她，可是，害怕卻驅使我做出看似冷漠、不在乎的事。害怕使人退卻，使人失去平穩，使人想要保持距離。

我自問，任憑害怕帶領我的決定，使我在與她的關係中撤守，放棄我可以在她身旁發揮的影響力，這是否真是我想要的？答案，是否定的！

於是，我知道自己唯有鼓起勇氣繼續嘗試。有句話是這麼說的：「勇敢，不是無所懼怕，而是帶著恐懼，仍舊向前。」細細探索下去，這種在受傷關係中的勇敢要能夠成立，也許關鍵在於先給予自己和對方「允許」，並刻意選擇看見彼此在嘗試與錯誤中慢慢成長，即便這樣的成長可能需花上好幾年的時間，但彼此仍舊帶著盼望，不斷重新在愛裡找到繼續前行的勇氣。

聖經裡說：「愛裡沒有懼怕，完全的愛可以把懼怕驅除，因為懼怕含有刑罰，懼怕的人在愛裡還沒有完全。」（約翰壹書 4:18 新譯本）勝過懼怕的力量原是愛呀！我們總是可以決定，要以思慮多餵養的是心中的愛，還是心中的懼怕？

心靈保健室

或許在你的生活中，也有其他常讓你覺得卡卡、一不小心就會按下情緒按鈕的關係。也許是伴侶關係、工作上的人際互動，或是原生家庭的親子關係。不論是哪一種關係，邀請你也試著往內看看是否隱藏了一些深刻的害怕？一旦看見了那些恐懼、承認了那些恐懼，也許你會發現，一直以來的感受和念頭也開始出現一些轉變。

Chapter
3

媽媽VS.寶寶的實戰現場

媽媽前輩們的武林祕笈

透過經驗分享知道自己不孤單

家家都有一本媽媽經，
有時候真需要彼此分享經驗，
知道自己經歷的、別人也經歷過，
原來大家都有類似的心情和過程，
進而學會放輕鬆看待孩子的成長歷程。

前幾天在一個媽媽們的小聚會上，每位媽媽輪流回應以下的狀況題：如果現在有個新手媽媽來到妳面前向妳詢問意見，而妳只能給她一個建議，妳會說什麼？

要從眾多心聲中只挑一個，真的需要花點時間沉澱，大家想了一會兒，接著輪流分享了寶貴的經驗談。

分享媽媽經，也互相取暖

有過來人語重心長地說：「我會告訴她，放輕鬆，不管妳餵母奶還是配方奶、不管妳用哪種育兒法、不管孩子吃奶嘴還是不吃奶嘴，只要大原則把握住，孩子都是會長大的。」

有的二寶媽也分享類似的感想：「真的，盡力就好。努力去做到妳想給孩子的，但真的太辛苦、太勉強的話，就接受限制吧，生命總會自己找到出路的。我雖然覺得對老二有不少虧欠，可是也看到她比老大更能照顧自己、更會表達需要。」此話一出，立刻引起在場多位排行老二的媽媽點頭如搗蒜。

孩子稍微大一點的媽媽們，分享的要點則包括：

不要停止聚會。在生活緊湊的作息之餘，仍然要撥空照顧自己，保持與他人的交流，絕對會為妳帶來養分與幫助。

孩子是一時的，先生是一輩子的。一開始孩子吸走了我們全部的注意力與精力，但別忘了讓爸爸也參與進來，這麼做不只是為媽媽分擔工作，更是協助孩子與父親建立關係。另外，也別忘了花心力經營夫妻關係，因為配偶才是彼此一輩子的夥伴。

也有媽媽分享自己在教養孩子的過程中，會因為孩子在外的表現不好而感到丟臉、自責，擔心自己哪裡做得不對，可是這樣的想法反而勾起更多情緒，導致和孩子互動時，更難有耐心和愛心。她們因此建議要記得孩子的學習成長是過程，不是一個又一個的「待達成目標」。換句話說，教導或訓練孩子任何事情，都需要一段時間，不要以單次的結果論斷孩子、論斷自己。

另一個媽媽也分享：盡量提醒自己不比較，每個孩子都是獨特的，家長持續覺察適合的方式，抓住原則但也考慮情境因素，並學習接納自己的限制，調整好自己後，帶著成長與勇氣再次回到關係中。

也有人搞笑地說：「我會跟她說『明天會更好』。這個其實是在我很痛苦的時候，我媽跟我說的話。雖然後來發現這是謊言，因為明天又有明天的挑戰，不過，某種程度上這句話帶給人一種盼望，讓妳一次聚焦一天，繼續往前走。從另一個角度來看，這話或許也是真的，因為在這過程中，媽媽的耐受力會漸漸提高，經驗值也會提高，所以一轉眼，回頭看，我已經走了這麼遠！」

大家熱絡地分享著，笑中帶淚、淚中帶笑，不時互虧或互相應和，這種彼此坦白和真實的交流真的讓人好享受啊！

媽媽們永遠都在經歷新的挑戰

這群媽媽的「母職年資」從四個月到十八年不等，可是，在這次聊天之前我還真不曾想過：原來，儘管有些媽媽看起來那麼光鮮亮麗、雲淡風輕，或優雅自在、隨性無所謂的樣子，但她們的內心也曾經歷過掙扎與不安，在與丈夫、孩子的關係中持續磨合，催促著自己長出新的能力，來面對嶄新的生命和嶄新的階段。

原來，不管孩子現在幾歲，我們都是第一次經歷那個年紀的挑戰，都有屬於當下自己與對方新的狀態。

媽媽們與生俱來的求好心切，現代社會中爆炸性的資訊，以及各種善意、非善意（如置入性行銷）的建議，真的可能讓我們焦慮地深怕做錯一個選擇就影響了孩子的一輩子。

放輕鬆，試著享受孩子的變化

在聖經〈詩篇〉一二七章是這麼說的：

「若不是耶和華建造房屋，建造的人就枉然勞力；若不是耶和華看守城池，看守的人就枉然警醒。你們清晨早起，夜晚安歇，吃勞碌得來的飯，本是枉然；惟有耶和華所親愛的，必叫他安然睡覺。兒女是耶和華所賜的產業；所懷的胎是他所給的賞賜。少年時所生的兒女好像勇士手中的箭，箭袋充滿的人便為有福；他們在城門口和仇敵說話的時候，必不至於羞愧。」

關於生兒育女，聖經的觀點竟然是：兒女除了是神的賞賜、可使父母不致羞愧，此外，也提醒我們，若不是神親自帶領與工作，我們眾多的勞心勞力本是枉然。這除了是個提醒，對於因焦慮而日夜不得安歇的父母們而言，又是多麼大的安慰！

如果，下次一位新手媽媽來到我面前，請我分享過來人的經驗，我會真誠地告訴她：最重要的是，放輕鬆，試著享受過程，帶著欣賞傑作與奇蹟的心情觀察孩子在不同階段的變化：嬰兒的各種反應、不同年齡的敏感期、不斷進步的能力，以及每天一點一滴的成長。那會讓人讚嘆生命，也知道這些不是憑自己努力而來的。

心靈保健室

在華人文化的影響下，我們特別容易追求「標準答案」。不論是因為擔心犯錯，還是想要找到一勞永逸的方法，但這樣的思維在網路時代似乎因為資訊爆炸、多元而更讓人感到焦慮。試試看，適可而止，參考一些意見後，最重要的還是放下尋找唯一答案的心態，回到與孩子的互動中，一面觀察、一面反思、一面調整。

你快要爆炸了嗎？

父母如何面對自己的情緒失控

大人常覺得小孩無理取鬧，
其實大人也會情緒失控。
面對這個事實，找到應對的方法，
從無衝突時、起衝突時，
以及衝突過後如何因應
開始練習。

有機會讀到一篇文章，內心五味雜陳。文章是Jaguar小姐所寫《戒吼媽：挑戰21天不生氣的教養提案》的部分書摘，她在當中細細交代自己對著孩子情緒失控的來龍去脈，以及隨之而來的反思和行動。

我第一個感覺是深深敬佩。要能夠在大眾面前坦誠這樣失控的自己，還能列點剖析失控的原因，實在需要很大的勇氣。我相信在孩子面前情緒失控，是每位父母都有的經驗，只是爆炸程度可能因人而異。

第二個感覺是「挫哩等」。文中說，孩子三、四歲後愈來愈有主見，於是父母更容易爆氣。

話說我的孩子兩歲多，我才竊喜好像剛度過terrible two的黑暗時期，可是熱情的路人常跟我說：「啊，現在是最可愛的時候！」暗示著前方路途艱難，還有重重難關要面對，而此言或許不假。

對孩子情緒失控的四大原因

我自己讀完這篇，有一些體會想補充：Jaguar小姐提到：「每一個失控，背後都有原因。」她也清楚地描繪雙方情緒節節高升的過程：「我想，我生氣是因為她先用情緒來挑釁我，而我又想要控制她，之所以發脾氣，一方面是想反擊，另一方面是要她停止哭鬧。當輕度發脾氣後發現無法控制她，無力感會愈來愈深，此時我的脾氣就逐漸加強，反擊力道逐漸加大，最後轉變為憤怒，對她大吼大叫起來。」

在這樣的描繪之後，她也反問自己，為何自己在面對工作或其他成人時，情緒的起伏程度如此不同？最後她得到一個結論，簡要歸納自己失控的原因：「第一，我被她的情緒影響；第二，我想控制她；第三，我以大欺小；第四，我有別的壓力在。」

我很認同這些反思的內容，但是也不禁嘆息：作為一個想認真帶養孩子的父母，這四點幾乎是不可能完全排除的，不是嗎？也正因為這樣，作者所分享的情境對於父母讀者們來說，真是心有同感！

降低情緒失控的三種情境練習

那麼，這樣的困境究竟有沒有出路呢？

我想說要完全避免是不可能的，但是可以試著降低四個原因同步發生的機率，減少風暴的威力，練習在不同情境下的應對方式。

- **平時：增加對自己的覺察，定期進廠維修保養。**

平時父母們就要有能夠安靜、充電的時間，幫助自己可以定期調整到比較平衡的狀態；也可以練習增加對自己情緒、身體感覺和想法的覺察，時常「觀察」自己，例如「我現在感覺胃悶悶的、肩頸緊緊的，好像也開始感到不耐煩、快要發怒了。」

- **交鋒當下：試著喊暫停，先穩定自己，再回頭找孩子。**

當開始被孩子的「盧」引出無力、厭煩、憤怒等情緒，感覺自己快要失控時，可以先跟孩子表達：「你現在很生氣，媽媽也很生氣，我需要離開冷靜一下，等一下我會回來。」這個時候，有的孩子可能會更崩潰，但是請記得，只要確保孩子所處環境是安全的，如果真的需要離開一下才能讓你平靜，那就這麼做吧！優先讓自己平靜下來，絕對是關鍵，否則接下來只會愈演愈烈。這個短暫的冷靜片刻，或許去其他地方大吼兩聲，播放一首能安撫自己的音樂，等到感覺思緒恢復彈性，心也再次柔軟時，再回到孩子身邊。

- **暴風雨過後：不怕向孩子道歉，透過和好儀式修復關係。**

如果真的失控了，表現過當的情緒強度、說了不該說的話、做了不該做的事，與其事後懊悔但又拉不下臉，想要維護父母的權威，不如找個雙方都平靜、準備好的時候，真誠地向孩子道歉。

真誠地對待孩子，身教大於言教

有些父母會擔心，這樣做，孩子還能服氣父母的管教嗎？其實，如果父母能夠真誠地向孩子表達當時自己哪些地方太超過了，孩子反而會從父母的榜樣學習到以下三件事：

一、沒有完美的父母，自己也不需要總是完美的，更可貴的是能面對錯誤、為自己負起責任，下次努力改進。

二、情緒可以是中性及情有可原的，但是做法與表達方式，則有適當與不適當的差別。

三、父母能夠體會並在乎我被粗暴對待時的受傷感受，他們不是故意的。

我相信上述這三點都是很珍貴的體會，而且身教的效果遠大於言教。

作為父母，真的是個很不容易的挑戰，方法學得再多，我相信關鍵還是在於願意真誠面對自己的限制，盡力調整，也願意用同理的態度去體會孩子，學習以愛引領。在起起伏伏的日常生活中，有淚、有摩擦，也有歡笑與和好，我想，那就是一份最真實、寶貴的關係了。

心靈保健室

在育兒生活中，如果你發現自己（或配偶）情緒失控的頻率偏高，可能顯示了幾件事：一是最近生活中有其他的壓力事件正在進行，或是休息、喘口氣的時間真的不夠；二是可能和孩子的互動勾起了自己生命未解的課題。

前者比較可以短時間解決，請想辦法找人幫忙替個手，讓自己至少有能夠充電放鬆的半天時光，重新回到比較好的狀態。後者可能比較複雜，可以透過書寫、靜心，或與親近的朋友聊聊育兒過程中常冒出的感受，慢慢澄清可能自己被碰觸到哪些成長過程中的傷痛。如果可以，這種時候尋求諮商的專業幫助，也常常可能帶來非常寶貴的體驗，不只造福了孩子，更療癒了自己。

孩子的第一個叛逆期

酸甜交雜才是真實的育兒人生

叛逆期也代表著孩子的成長期，
他要從一個階段蛻變到另一個階段，
從對父母的依賴順從，
到有自己的主見和主體意識，
在煩惱如何面對孩子叛逆期的同時，
也該欣慰他們正在長大。

請想像一個場景：稚嫩的娃娃音切切地喊著，外加軟軟小小的手拉拉衣角，張開雙臂衝過來環抱大腿。

「媽媽陪陪你。」（其實是要說陪陪「我」，只是還不太熟悉代名詞的使用。）

「媽媽坐這邊。」

「媽媽抱抱。」

不知你是否和我一樣，覺得心中好像一股暖流流過冰原，再堅硬的冰塊都要融化了，教人直想趕快「抱緊」處理，放下手邊的事回應孩子的呼喚，待在他身邊陪陪他。

花招百出，考驗父母耐心

好了，這時請看倌們再為畫面加上一些元素。

當你決定，孩子現在需要我，這遠比其他事務重要，於是你放下手上洗到一半的髒碗盤、做到一半的工作、燒到一半的菜，耐著性子來到他旁邊，輕摟著他準備陪他玩上一會兒，接下來過沒多久從他嘴裡吐出的話卻是：

「不要媽媽了！」

因為你試圖引導他做他不想做的事，可能是叫他放下危險物品，可能是教他不可以破壞玩具。

「不要『抱抱』！」

驚嘆號是必須的，才能貼切表現他的氣急敗壞，而且引號內可以替換任何事物，即使他前一秒才說他要那個東西，但是當你給他時，他又轉頭不要了。

「……」

這是最高招也最惱人的，不反應、不搭理、置若罔聞，彷彿他現在根本無視於你的存在。

加入了這些元素，又會讓我們產生何種感受呢？

原本的暖流急速增溫變成滾沸的熔岩，這次你巴不得把他這塊堅硬的頑冰吞掉，讓他重新化為滑順溫暖的流體，或者是，好想「報警」處理。

順從與叛逆都是孩子的發展歷程

上半段的場景是我對兩歲前孩子的想像，芳香甜美又柔軟，像一顆可口的大福，還沒有自我意識的叛逆，還沒有陰晴不定的難搞。

但實際的情況是，第一個場景加上第二個，更崩潰的是，兩者迅速交錯發生才是真實的育兒人生。就像大福一口咬下後，發現裡面是酸得不搭嘎的草莓。這，同時也是很多兩歲上下孩子的媽每天的生活寫照。

面對這樣的反反覆覆、顛顛倒倒，真讓我對這小傢伙又愛又恨。每次在和她短暫分離的時候，我的心會自動放大她的可愛與依賴，總是每隔一會兒就想起她，整個人像失戀了一樣；但是，當她回到身邊，通常撐不到三小時，我就開始內心吶喊、眼神呆滯，真的好希望她可以配合一點啊！

某天，當我擠出一點時間拿起久違的理論書，提到十六至二十四個月孩子的心理狀態，我突然得到了好大的安慰，原來這些，是正常的。

她甜甜的表達和主動靠近，是因為她開始萌發出模仿與同理的能力；她尖銳直白的反應，是因為她正在經歷過渡期，學習與媽媽在心理上分化，透過採取不同的意見或做法，來一再確認自己的獨立存在。

我時而窩心、時而傷心的感受，是因為我也被迫再經歷一次分化：從我自己原本的獨立、到懷孕後我和孩子的共生，到這一次，心理上反反覆覆地經驗到孩子主動而生硬地試著與我拉開距離，宣告她自己的個體化。

認識孩子的轉變，幫助自己應變

當孩子反覆「練習」透過拒絕合作來知覺自己的獨立存在，的確對主要照顧者是極大的消耗，很少有人可以時時刻刻完美地接納孩子的不順從和難以預測，何況這些要求很多時候是互相矛盾的，例如需要隨時給予關注，又不能出手干預；要歡迎孩子的分離，又不能顯得太過拒絕。

或許愈早認識到這個階段的特性，愈早放棄不切實際的期待，更可以幫助我們當個好媽媽。在大多數的時間盡量耐心回應孩子，允許自己偶爾煩躁一下下、逃離現場冷靜一下下，反而更能幫助我們允許自己的情緒流動，也比較不會把對孩子的怒氣累積成狂風暴雨。

當我們將眼光放在未來的盼望，知道這一切生活的嘈雜混亂帶有怎樣的成長意義；當我們知道現在的汗水、淚水和口水，正澆灌著孩子成長的安全感和獨立性，或許我們能夠更加珍惜，甚至享受這些瑣碎紛擾的尋常時光。

心靈保健室

根據《人我之間：客體關係理論與實務》（心靈工坊出版）一書所述，嬰兒剛出生時與母親「共生」，在六到十個月時逐漸和母親分化，知道母親是個分離的個體；在十到十六個月時，嬰兒的能力持續發展，開始嘗試從母親身邊跑開、探索世界；但在十六到二十四個月，隨著嘗試增加，挫折與無助感也會增加，因此孩子會在與母親的關係中來來回回，顯得既苛求又依賴。

從這時候起一直到約三歲時，孩子會慢慢形成「情感性客體恆久性」，體會到母親有時缺席，但愛一直都在。身為母親的我們，孩子出生這頭三年，同樣會經歷這麼多關係上的變化，需要帶著理解，安放隨之湧上的感受，如親密、困惑、挫敗、失落，慢慢練習接受這個必然的過程，祝福孩子成為他自己。

常見的親子拔河
親密與自主的拉扯

親子關係是最親密、
最無法切割的存在，
但也因為如此，
彼此都產生一種奇妙的矛盾感，
既想依賴對方，又想獨立自主。
身為大人的父母，
要先練習進退之間的拿捏。

「媽媽，來；媽媽，來！」

許多家有幼兒的母親都提到類似的經驗：「當了媽之後，連想好好上個廁所的時間都沒有！」孩子總是在門外敲啊敲、喊呀喊，甚至試圖推門進來，急切地彷彿他們不能一時片刻看不到我們。

「寶貝，過來；寶貝過來，快點！」

可是場景一換，有些時候，孩子眼前就是有更吸引他的人事物，任憑你怎麼叫，他也不來。偏偏，這樣的狀況最容易發生在媽媽趕時間準備帶孩子出門時，或是下了班回到家好想念孩子，好希望他也想你的時候。親子之間這樣的拉扯，有時候就好像在拔河一樣，你拉我、我拉你，就看誰要先遷就誰。

其實，再仔細想想，不只是外在上演著拔河比賽，在我們的心中，也上演著一場激烈拉鋸賽，既想要有親密的「一起」，又想要有自主的「我自己來」。有時候親密久了，我們覺得少了些什麼；努力追求了自由、自主，不時卻又感到悵然若失。

親密與自主，人的兩大心理需求

先前在跟師大的吳麗娟教授學習時，老師常常提醒我們：「親密與自主，是人的兩大基本心理需求，如果能夠兼顧，那麼距離所謂『心理健康』的定義便不會太遠。」

前者，讓初抵人世的新生兒與重要他人建立依附關係，在家庭中成長茁壯；後者，讓我們漸漸在心理上與重要他人分開，試圖摸索自己的風格和道路，最終成為獨特的自己。

想想，我們自己和原生家庭的家人相處、和另一半相處、和朋友相處，不也是這樣嗎？需要有「我」，也喜歡有「我們」。

這些經驗，我們都不陌生。如果牽涉到的對象是其他成人，或許還可以溝通和協調，看看能不能找到彼此都舒服的默契。真的無法配合，那麼我們可能會說，自己和對方沒有緣分，或不同調性，而漸漸減少往來。

不過，當對象是自己的孩子，或許是因為有著無法切割的關係，外加為人父母的使命感，我深刻的體會到，無法如此瀟灑隨性，也常感受到內在的掙扎，以及彼此可能的「錯過」。

儘管我很想全心為孩子的需要去調整自己，但當我誠實面對自己，很多時候當孩子一直拉著我的手，要我去這裡去那裡；或是在我要離開床邊時，立刻爬起來大哭，不願意乖乖躺好睡覺，我真的好希望她可以不要這樣。而當我將孩子托給別人照顧，離開個半天去工作或辦事時，又常發現自己一直在空檔時看著她的照片，想念她的童言童語。或許，這種在親密中想要自主、在自主中卻又好希望親密的矛盾，就是人之常情吧？

想要孩子獨立，但也捨不得放手

除了文章開頭那種一天出現好幾次的小互動之外，更常在會談室的親子關係中看到的，是關於一整個生命季節的錯過。

孩子小時候，想要親密的依附我們，我們卻希望他們自主、獨立，快點學會自己入睡、快點學會自己吃飯、快點學會走路、快點去上學……。孩子大了，想要獨立走自己的路、做自己的決定，我們卻想念他們對我們的親暱與倚賴，甚至很難放手、接受孩子不一定照著我們的期望走。

靜下心想想，這樣的錯過，好可惜啊！親子之間都反覆地經驗著期待與失望，孩子可能既想靠近父母、又怕被控制；既想自由飛翔、又怕失去關係；父母則反過來，既想靠近，又怕被說太控制、太保護；既想放手、又怕孩子迷失方向。

如果這些拉扯是人之常情，有沒有什麼方法，可以讓我們在這必經的挑戰下，不要完完全全地錯過彼此呢？

順應孩子發展階段，調整自己的步伐

我想，面對尚未成熟的孩子，相較之下，父母自然是擁有較多彈性與能力的一方。如果能夠做個聰明的農夫，順應著季節（孩子的發展階段）來調整，相信結果會比一味逆天要求孩子符合我們的需要，來得更明智，也更容易一些。

在新生兒時期，孩子展現大量的親密需求，仰賴我們餵養、擁抱、照看等需要；慢慢地走過第一年，他開始向外探索、向外跨步，也開始在心中分辨著：爸媽是爸媽，我是我，開始大聲宣告：「我不要！」展開他的個體化歷程。

父母無法因為不想經歷失落，而阻止他長大；父母無法因為不想要麻煩，而要求他凡事照著我的期望走。父母也盡量不要因為無法處理自己的失落，而有意無意地以情緒勒索的手段，要他放棄自主、只能選擇親密。

因為我相信，這樣做，等孩子長大後，只會有兩種結果：一種是因父母經年累月的控制而偏廢了自主需求，成了無法獨立自主的「長不大的小孩」；一種是再也無法逃避自主的需求，只好斬斷關係、放棄親密，成為只要他人靠近便感覺到威脅的「獨行俠」。

關係是雙人舞，進退間達成默契

在隨著孩子的發展階段調整的過程中，我們也要試著照顧自己不時出現的親密與自主需要。畢竟，雖說父母對孩子的愛是最無條件的付出，可是若沒有充飽愛的電力，也很難持續給出高品質的愛。

該怎麼做呢？說實話，我也不確定。但我試著練習活在當下、享受當下，不陷入對過去的追悔與對未來的煩惱；練習帶著好奇觀察孩子，接納他當下的需求與狀態，再嘗試以溫柔和堅定引導；練習在可以自由自在的時候，選擇真正能滋養自己的行動，而在孩子邀請我加入他時，放下手邊的事務，敞開自己。

說是「練習」，是為了幫助我記得這是一個持續調整的過程，不是一個「應該」達到的目標。這樣的記得，幫助我不會因為無法做到百分之百而灰心放棄，因為我相信，關係是雙人的舞蹈——在進進退退中對彼此更加認識、更有默契。只要孩子知道我們在乎他、尊重他、願意聆聽他的想法、願意適時放手讓他嘗試，那麼，孩子也能夠有彈性地，有時在關係中選擇為自己爭取，有時也可以安心地選擇放棄一己之堅持。

最終，我們希望看到孩子能在親密的關係中長出自己；也允許獨一無二的自己回頭滋養親密關係。

心靈保健室

在孩子從幼兒成長到青少年、最後長大成人的過程，他們的獨立人格會一次又一次地茁壯，而父母們其實也有機會一次又一次練習將抓著的風箏線逐漸放長，將緊抓的手逐漸放鬆。

對有些父母來說，與孩子親密時需要彼此相依、犧牲自己比較困難；對有些父母來說，則是要接受不能將孩子的一切揣在手裡，需要給予對方更多尊重和獨立空間比較困難。

不論是哪一種，我們養育孩子都要練習，在動態過程中努力平衡親密與自主兩大需求。幾歲要多麼獨立自主沒有絕對的標準答案，但是親子間保有那個願意彼此尊重、彼此聆聽的心，就是調整過程當中最重要的關鍵。

說的比唱的好聽

用自創故事貼近孩子的心

你會跟孩子說故事嗎？
是經典童話還是主題繪本呢？
用自創的故事更有彈性地
幫助我們了解、貼近孩子，
進而引導孩子，
讓親子關係多一條溫柔承接
又豐富多彩的溝通管道。

忘記是何時開始的，孩子喝睡前奶的時候，我會躺在她旁邊，跟她說說故事。睡前這個時段，為了培養孩子想睡覺的情緒，往往是將燈光調暗，因此也不會拿出書本共讀，而是靠著自己腦補瞎謅一番。

在孩子的語言還沒有發展完全的階段，我觀察到孩子在被制止危險動作的時候，會冒出一連串快速進展的情緒：從不開心被制止，著急著想要保護手上想玩的東西，到氣急敗壞開始手腳亂揮亂踢（同時也可能弄得我情緒強度升高），最後是被抱住暫停後轉為失望哭泣，也許還夾雜著不甘心但又害怕媽媽的愛會離開的心情，大一點的孩子甚至可能會感受到「我不好」的罪惡感。

對話引導也解不開的迴圈

在彼此情緒冷靜後，我試圖展開對話了解她的狀態：

「寶貝，媽媽是不是說過不可以碰這個東西？妳記得嗎？」

「記得……」點頭，一臉無辜。（媽媽內心OS：記得那妳還碰，表示妳是故意的囉？）

「那妳為什麼還要碰呢？」

「因為我不乖……」（不乖……還沒跳到那吧？我只是想先了解妳的動機欸！）

「不乖……所以……妳是故意的嗎？」（如果一心一意相信孩子是故意的，我的火氣就會飆升，因此我努力克制著自己、嘗試釐清。）

「不是啦……我……因為我想玩……」

「妳想玩……可是媽媽說過不要玩那個，危險，對嗎？」

（孩子點頭後挪開視線。）

「那妳為什麼還要碰呢？妳有看到媽媽好生氣嗎？」

「因為……因為我覺得不乖……」

（媽媽頭上問號連連，對話至此進入鬼打牆……）

說個故事，換一種溝通方式

有時候，孩子一邊說著不乖，一邊眼神閃爍著淘氣，你可以隱約感覺到他是在跟你抬槓，不是認真地說著貼近內心的感受；有時候，他則是帶著沮喪與無力地說自己不乖，你可以知道在這樣的狀態下，也沒有辦法幫助他產生對話和改變的勇氣。因此，這兩者都不是我樂見的。

好一段時間，真苦惱該如何更貼近孩子真實的心理狀態，進而能夠更好的引導她在合理的範圍內自由做自己。

某一天晚上，我如常地在餵奶時和她一起躺著，肢體的接觸，加上一天即將落幕，這是我們都最放鬆也最親密的時間，我靈光一閃，問她：「媽媽說個故事好嗎？」她開心地點點頭。

一隻因為生氣而容易對爸媽劍拔弩張的小刺蝟浮現在我腦海……

在自創故事中，放入感受的轉折

從前從前，有一隻可愛的小刺蝟，他好愛他的爸爸媽媽，他的爸爸媽媽也好愛他。但是有一天，小刺蝟因為爸爸媽媽誤會他，覺得好氣好氣，氣到身上的刺都站了起來，刺傷了爸爸媽媽。

媽媽大叫一聲：「好痛喔！你為什麼這樣？」

爸爸因為擔心媽媽，也有點大聲地跟小刺蝟說：「怎麼可以這樣呢？小刺蝟你要跟媽媽道歉！」

小刺蝟擔心媽媽的傷、又氣他們誤會自己、又害怕爸爸大聲，情急之下便跑出了家門，一直跑一直跑，最後坐在一個小山丘旁邊繼續生氣。

他想：「哼！我最討厭爸爸媽媽了！我不要理他們了！」

可是想著想著，不知道為什麼眼淚卻一顆一顆掉了下來。

「嗨，這不是小刺蝟嗎？」隔壁的兔奶奶經過，關心地問候他。

「你怎麼一個人坐在這邊呢？發生什麼事啦？」小刺蝟抬頭一看，原來是有白白軟軟蓬蓬毛的兔奶奶，他安了心，可是還是氣鼓鼓的，不知道該怎麼說。

兔奶奶慈祥地問道：「是不是和爸爸媽媽不開心啦？」

小刺蝟驚訝地說：「你怎麼知道？」

兔奶奶說：「我有一個小孫子跟你一樣大呀！這個時候的孩子有時候會突然好生氣，可是心裡好像又有點酸酸的，是不是？」

小刺蝟張大眼睛，覺得兔奶奶說的跟自己的情形好像呀！

「為什麼會這樣呢？那種突然好生氣的感覺？」小刺蝟問兔奶奶。

「這是因為你們正在長大呀！你原本軟軟的刺開始變硬，將來需要的時候可以保護你，只是有時候，也會不小心刺到身旁的人呢！」

「原來是因為在長大嗎？那該怎麼辦，才能不要刺到家人呢？」

兔奶奶微微一笑：「你好愛爸媽，不希望傷害他們對嗎？」小刺蝟點點頭。

「小刺蝟真棒，你想要學習控制自己的情緒，下次你可以試著練習在感覺到有點生氣時，先用說的。你可以說：『我不喜歡這樣，我生氣了！』先看看會不會好一點，讓刺不要太快射出去。」

小刺蝟聽完覺得好像不難，或許下次可以試試看。

兔奶奶看到他點了點頭，笑瞇瞇地說：「走吧，我陪你走回家！」

透過故事，讓孩子理解自己的感受

最後，故事就在兔奶奶陪伴小刺蝟走回家後，爸爸媽媽開心地張開雙手迎接他，三人擁抱和好中結束。

在說故事的過程中，她始終好專注、好安靜地聆聽著。當我描述小刺蝟又氣爸媽、又怕他們不愛自己的感覺，以及擁有溫柔與智慧的兔奶奶登場時，她的眼睛睜得又圓又亮，覺得好驚喜、被理解，那神情一直烙印在我的腦海中。

故事講完，她也對自己的感覺多了一些理解，對於感受到生氣時如何在爆發前表達給身旁的人知道，也多了一點方法。

有了這次的體驗後，孩子每晚都主動央求我：「媽媽講故事！」我發現這成了我們彼此最親密的交流時間，我會在白天時仔細留心她的狀態或近期的挑戰，然後在夜裡即時透過說故事的方式，試著再次輕撫她的心。

簡單三步驟，貼近孩子的心

從自己的經驗及參考資料中，我整理出三個簡單步驟，幫助家長試試看這個愛的魔法。

- **放輕鬆，邀請孩子投入。**

大人小孩都在身心放鬆的情況下，放下說教和說服的意圖，請孩子指定一個主角（可以是小動物，也可以是卡通人物）或視孩子的能力和意願，請他先說一小段故事。從這裡出發，一來是邀請孩子更能預備好投入故事；二來也有機會從孩子所給的主角或情節，讀出當中豐富的象徵意義，更貼近孩子的現狀。

- **不擔心，說者靜心構思。**

有了主角，大人這時可以閉上眼睛深呼吸幾次，在心中想像故事的主角，連結孩子近期的需要，浮現故事的中心主題，可以是幫助孩子展開最近某個複雜的情緒，或是點出某個挑戰中可以連結的內外在正向力量和資源。不需要從頭到尾想完才開始說，也不用擔心故事荒腔走板、接不下去，就當作是大人小孩一起進入故事的未知風景中冒險。我的經驗是，往往一邊說著，故事便會自己展開，靈感也隨之跟上，就算真的卡關，暫停一會兒，孩子也會很有耐心地期待故事的發展。

- **要停頓，邀請對話交流。**

在說故事中間，可以適時的停頓，與孩子核對主角的感覺，在故事進行到一個小段落時，也可以問問孩子他會怎麼選擇？比方說：「你也會這樣嗎？」、「你覺得他可以怎麼做呢？」、「你最喜歡這個故事的哪個地方？」如果孩子對於某些情境還是很糾結，沒有準備好做出與原先不同的選擇，請不一定要讓故事有單一的結局，更要小心教條式、政令宣導的情節。可以放一句帶有愛與盼望的信念當作結尾，允許故事暫時中止。

故事會成為與孩子共享的默契

以上面的故事為例，如果孩子說，小刺蝟還是覺得兔奶奶的建議太難了，或是他還不想回家，那麼說故事的人可以讓故事這麼走下去：兔奶奶聽了，輕輕地點點頭，跟小刺蝟說：「這樣啊，慢慢來，我會等你。」然後兔奶奶就躺在小刺蝟的旁邊悠哉翹腳、閉眼休息。小刺蝟看著覺得有趣，也安心地在奶奶旁邊躺了下來。

這邊的「慢慢來，我會等你」，就像是張溫柔包住孩子的保護網，可以讓孩子經驗到無條件的接納與包容。

時常透過故事貼近孩子的心，照顧者和孩子會共享一種只有你們才知道的默契。下一次孩子生氣快要爆衝時，只要蹲下來、看著他的眼睛說：「寶貝，你覺得好生氣好想丟東西是嗎？記得小刺蝟的故事嗎？」

我也相信，故事說著說著，大人自己也會被洗滌和療癒，我們的心和思維同樣豐富、有彈性了起來，這不就是帶養孩子的幸福滋味之一？

心靈保健室

如果你擔心自己不會說原創故事，也可以參考市面上許多主題繪本的書，透過用心的挑選，一樣可以找到貼近孩子需要的故事。別忘了，重點不是要孩子去從那個故事學到什麼，而是一起在共讀的過程中，透過對話，更加貼近彼此的心。

帶小小孩旅行有意義嗎？

不同年齡階段有不同含意

孩子在每個生長階段
都有對新事物好奇和探索的需求，
旅行是其中一種實踐方式。
不管長大後他是否有記憶，
在那個當下，
孩子的體驗都將成為
他認識世界的一部分。

在孩子一歲半的時候，仗著機票價格只要十分之一，我挑戰了帶孩子出遠門旅行一週。

關於帶幼童旅行，出發前，長輩也說出許多人耳熟能詳的論點：「孩子那麼小，什麼都不會記得，何必帶著大包小包、冒各種風險？這不是『牙給』（台語）嗎？」

當時的我一心想著，可是我們會記得啊！我想要跟他一起創造一家子的回憶，也相信等孩子大一點，我們一起翻看當年的照片、說著當年的故事時，對於他如何認識自己與家人，還是很有意義的。就像我自己的經驗裡，有些童年記憶雖然不太清楚了，但因為看到兒時的照片，突然好多畫面之外的故事都流洩了出來。我相信，這些照片留給了孩子一個將來追憶當年的依據，紀念那時的親子時光，也記錄著當時父母親在生活掙扎之外，試圖與孩子一起創造精采的回憶。

科學佐證，孩子不會全無記憶

很驚喜地，這樣的信念竟然在這篇文章〈帶孩子旅行讓「大腦有變化」心理學家：回憶伴隨他一生〉中，得到科學佐證。

「關於記憶，德國腦神經學教授和醫生、哈佛大學客座教授 Spitzer 在一次演講中闡述一個新資訊是如何被記憶，以及如何消失的……磁共振圖顯示，資訊在第四天經過強化後，腦神經變得發達，而不再強化後，第八天腦神經就出現退化。所以，想要孩子們記住，你只需要在適當的時機提醒他，幫助他記憶就好。旅行中那些難得的體驗和感受，在不斷回憶中，逐漸就會轉變為長期記憶，成為孩子儲備的知識體系的一部分，它的光芒會在不經意間突然綻放！」

這好像告訴了父母們，其實孩子不會是全無記憶的。沒錯，孩子會忘記，我們也會忘記，但是常常回想、常常紀念，還是可以留住記憶。

孩子的不同階段，旅行目的不同

不過，文章中的另一個段落，卻帶給我一些反思。

「不同年齡段，孩子的旅行是不一樣的。三歲之前的孩子，主要靠體驗來感受世界，在生活、玩耍中去觀察學習；三至四歲後，孩子解讀符號的能力開始發展；到六歲時，孩子就可以通過看書來學習。所以，帶兩、三歲的孩子外出旅行，你就只管陪他漫無目的地玩耍就好，在海邊挖一整天沙，對他們都是非常有趣的經驗，沙子是細的、是軟的、是會流動的，抓一把一會兒就從指縫間流光了，踩一腳，就會陷下去，他能感受到這些足矣。但是，帶一個七歲的孩子去海邊，就不能只是停留在挖沙的階段了，海洋的形成、沙灘的作用、海底的生物……孩子們都會希望並且應該讓他們了解。」

我自己對於孩子的觀察，也很符合上述的說法。

最重要的是專心陪伴彼此

這次出國，可能因為孩子真的還小，或因為她身體不太舒服的緣故，到了第三天準備離開旅館時，只見孩子開心地說：「耶！回家囉！」我聽了頭上頓時冒出三條線，內心OS：「噢，我們這麼費力、不辭辛勞地帶妳出來玩這一趟，沒想到孩子竟然這麼快就期待回家啦？」

其實站在這個不滿兩歲的孩子的立場想想，異國美食對她來說還沒有太大的吸引力；文化方面的差異，我想她也有看沒有懂。這趟行程最讓她開心的，真的就是那些她可以親自體驗的：在湖邊玩沙、在牧場／動物園看動物、在戲水池玩水。這些，真的也不一定要前往另一個國家才可以達成，在台灣就近找個環境好好待著，一起探索大自然、享用設施就夠了，重要的是，享受家人一起密切相處、專心陪伴彼此的精心時刻。

這趟旅行還有一個很深的感觸，單身時的旅行總是自由又隨興，愛去哪去哪、想在哪待多久就可以待多久。兩個人之後，需要妥協、商量，但大體上還是可以有一些互相成全的時間。帶了孩子，因為小小孩需要早點上床休息，美麗的夜景省了；太繞路、太偏僻的祕境捨了；喧鬧擁擠的居酒屋也算了。孩子的需要自然地成了我們的首要考量。

儘管這樣，還是可能大小狀況不斷。臨出發前，孩子要換尿布；距離下一站還有好一會，孩子卻嚷著餓了；或是因為累壞了而「歡霸霸」，我們就像進入不間斷的實境破關遊戲，不停地絞著腦汁面對接踵而來的考驗。

美好的記憶會留下來

但是，在各種各樣的崩潰之中，我們還是要留下一些美麗的照片。照片中的我們笑著，看來愜意優雅，孩子眼睛彎彎地笑著，好一幅溫馨美好的畫面！其實，前一刻我們可能才為孩子在飯桌上拒絕不熟悉的食物而擔憂；拍照的當下，孩子可能身體還是有些發熱；我們笑著，但內心可能仍在掙扎著待會究竟該不該臨時更改行程。

即便好多「真相」看不出來，但那些終究不是「照騙」，因為它們同樣是真實的，就像生活——甜美與苦澀、感動與遺憾並存。現在的我，看待旅行不再那麼浪漫，尤其是帶著孩子的旅行，自己可能很難盡情充電、放鬆，甚至可能玩完比出門前還累，這樣的旅行更像是生活的濃縮剪輯，有著高低起伏。

而當我們為某些畫面留下定格，它就成了一種紀念，提醒我們多定睛在生活中值得感謝的部分，而不是只記著行程中的不完美，讓那些美好的片刻，在記憶中聚焦、放大，多停留一會兒。

「痛苦會過去，美，會留下。」

心靈保健室

相信自己內心的聲音，如果想帶小孩出去玩，不用在意其他雜音，辛苦會是值得的！安排上聰明地照顧到孩子不同階段的需要與作息，也別忘了加入父母自己也會享受其中的元素，邀請大家一起同心投入、享受過程，創造屬於你們家的專屬寶貴回憶。

親子間沒讓對方知道的事

先理解和接受彼此的不完美

父母和子女之間，
沒有天生是敵對的，
但往往因為太過自我中心的表達方式，
造成關係緊張。
雙方可以先試著理解彼此的不完美，
和話語中隱含的善意，
再找到改善關係的方式。

在實務現場，我有幾次先碰到「孩子」（所謂的孩子，有些已經成年了），聽他們說在自己的生命風暴中，與父母關係的矛盾。知道爸媽是關心、是好意，但還是太多、太煩、太尷尬、太給人壓力、跟自己太不對盤。「我知道他們愛我，可是……」他們的開場白往往是這樣。

有時候，當聊到一些較核心的生命議題，裡面似乎流露著一些怪怪的「信條」，或是在關係中缺乏安全感，並有著濃濃的憂鬱和焦慮。我的腦海中會不由自主地想起某些讀過的理論——原生家庭如何給人帶來傷痕及後遺症的論述。然後我會想：「爸爸媽媽，這樣真的『母湯』（台語）啊！」

儘管我只是盡責地嘗試運用理論理解我的個案，並且希望能夠協助他活出新局，我並不想輕易地批判其他父母，但是無法否認地，一定的判斷已經在這諮商過程當中形成了。

接著，正好有幾次機會，案主的家長主動表示想要跟我談談，於是我有機會見到了案主口中對他們而言似乎「不夠好的爸媽」，至少在我一開始聽當事人描述時，是這樣感覺的。

價值觀與期望讓親子關係變緊張

來到我眼前的他們，衣著、氣質、職業各異，但是同樣流露出對孩子的關心與擔心，以及更讓我印象深刻的——他們展現出的挫敗、無力和自我懷疑。

他們說著：

「我一直在想，從小帶養他的方式，是不是太……了。」

「我始終不明白，他怎麼會這麼……（特質），和我真的是很不一樣。」

「我一直希望他可以學著怎樣怎樣一點。」這部分內容往往是爸媽的強項或生存法則，卻恰好是孩子不認同的價值觀，或是孩子的弱項。

「但他對我的叮嚀總不當一回事，嫌我這樣那樣。」這往往是孩子抱怨的重點，其實孩子也和父母一樣將親子差異看為對方的缺失。

聽著他們娓娓道來之後，我常會問問他們對自己孩子的認識是什麼？從小看到他有什麼優點、有什麼特長？這時，爸媽們的瞳孔會散發出溫柔的光芒，連帶著彎起嘴角的微笑，終於能夠從正向的角度說出一些孩子的其他面向。

「老師，其實我今天過來，只是想知道我想的那些對不對，還有，我現在該怎麼做比較好？」

我彷彿可以看見這些話語下那顆懇切與焦慮的心，這教人感覺多麼熟悉啊！當我成為一位母親之後，有哪一天不是這樣反覆思量？

沒有完美的父母，也沒有完美的小孩

身為爸媽，尤其是稍微認真一些、稍微有餘裕和知識裝備自己的，特別容易在各種做法和觀點中感到迷失。

就算曾經選定了一種信念，勇往直前了十幾、二十年，看到孩子遇到困境，真的很難不回過頭反省自己一直以來的做法，或是多想一下自己可以幫些什麼忙。

寫到這邊，我也幡然醒悟，我當初對這些不認識的父母的判斷，其實是建立在一個錯誤的基礎下，那個基礎是假設作為父母有一種標準答案——剛好比例的慈愛寬容，與剛好比例的嚴格要求；剛好比例的放手，與剛好比例的涉入。

問題是，這個黃金比例真的存在嗎？就算存在，難道不會因親子的個性不同而需要校正？難道不會因孩子的發展階段不同而需要微調？如果是這樣，是不是不要試著追求一個僵化的比例，反而可以釋放父母的心？

當下，在諮商室中，我知道我最需要做的，是為這些爸媽打氣，看見他們的努力、看見他們的用心，也肯定他們回到自己的中心時，對孩子客觀而合理的認識，然後綜合對他們及孩子的認識，稍微鼓勵他們繼續嘗試已經在思索的方向，不要灰心喪志。

互相接受對方的不完美，改變親子關係

有時我也會反過來想，這些爸媽是否是能夠聽聽孩子對自己的抱怨和內心真正的期待呢？也許在溝通的過程中，會有些傷心和挫折，但很有意思的，追根究柢，很多孩子的內心深處，都希望爸媽能生活過得更開心一點、對孩子有更多信任和欣賞。

我同時也相信，大多數的父母並不奢求孩子讚美自己是多好的父母，只希望孩子可以看到自己一路以來的用心與關心。如果可以，有朝一日，也能夠接受父母同樣是不完美的，同樣有自己的軟弱與限制。

對身為孩子的案主來說，能夠同時看到從父母而來的資產和過程中難以避免的傷害，並且能夠有些釋然，甚至能夠進一步看到自己在當中可以做些什麼來改變關係的互動，我相信才會是案主真正「長大成人」的開始——真正可以有機會自由地做自己，同時擁有重新與父母改變關係的彈性。

心靈保健室

身為父母，先接受自己的不完美，接納自己的焦慮，尋找好的管道抒發情緒、安頓心靈，才能進一步在親子關係中繼續做那個能夠主動多做一些的成熟方。關係不會、也不需要一開始就完美，但是持續對話、持續保護那顆願意調整的心，就是關係能夠愈變愈好的關鍵。

兩個生活片段與鷹架理論

提升孩子面對挑戰的內在動機

在孩子長大的過程中，
總是有許多需要學會的能力，
在大人眼中很簡單的事，
對孩子來說都是全新的挑戰，
爸媽適時地陪伴與放手，
幫助他們有勇氣一步步向前。

某天晚飯後，和先生一起帶女兒去公園散步，看到新架設的繩索攀爬架，便鼓勵孩子去玩一玩。在場同時還有一個約莫三歲半的小姊姊和她的爸爸，小姊姊赤著腳，笑嘻嘻地爬著，偶爾成功往上一階，偶爾失腳滑了一下，她的爸爸則在旁邊看著，不時出聲鼓勵她繼續嘗試。

女兒最近對於「小姊姊」這樣的存在充滿嚮往，好奇地一直看著姊姊爬，也很想效法對方，於是便興致勃勃地跟著嘗試攀爬。最底下幾層不算太難，女兒有樣學樣地踏上了一兩步，先生這時也是氣定神閒地站在旁邊，只是提醒她一個關乎安全的大原則：「雙手都要先抓緊了，腳才可以移動」，然後便只用目光跟著她、不再多說話。只見她一次次地嘗試著，玩到小姊姊和家人離開了，女兒還索性學對方把鞋子脫下來，赤腳繼續練習了好幾次。

但是想再往上推進，就沒有那容易了。

用鼓勵和耐性給孩子信心

有幾次，先生看她沒有照著所提醒的雙手都抓穩了、腳再移動，只是心急地想要往上爬，於是語氣開始有點急躁的再次出聲叮嚀，或是看她抓著間距過大的網格，不知該往何處去，便跟她說：「對，再往上啊！再往前啊！」孩子大概經驗到她看別人做起來輕而易舉而對比自己的做不到，奮力掙扎了幾次又掉下來後，開始用有點哭腔的聲音說：「我不會，不要爬了！」

我和先生不約而同地鼓勵她：「妳才第一次嘗試，剛剛妳都不會，後來慢慢就爬上了第一層、第二層呢！沒關係，妳可以決定，想再玩一下，還是改天再來挑戰。」

很特別地，當我們描述出她努力與進步的軌跡，並且將決定權交還給她後，她想了一想，便回答說：「我想要再爬高一點。」就又繼續嘗試了！

一直在旁邊觀察的我，猜想網格間的跨距對她的身高來說有點太大，她很吃力地踩著、抓著，力量仍然不足以將身體往上撐，加上網架本體是三角錐形，當中的網格也以粗繩架成不規則的多邊形，女兒似乎常一時看不出可以踩踏和抓握的下一步，更別提身體還需要搭配著彎腰、穿梭，因此暫時無法靠自己形成策略來突破這項挑戰。

適時提供策略幫孩子突破障礙

看出她實際能力與所需能力有所差距的我，想起了維高思基的理論，決定此時進前去擔任她的「鷹架」。我從她的視線往外看，開始鼓勵她觀察所在位置附近手或腳可以接觸的支點，並詢問她下一步想要前往的方向。有了大人幫忙判斷比較符合她能力的下一步，她成功邁開步伐的機率提高了；有了大人幫忙提供策略，她也發現想要爬高，有時候需要先往旁邊一步，才能找到比較好的立足點往上移動。

和孩子一起討論、突破困難，也看到她一次次地挑戰自己、奮力跨越，試了好久沒有放棄，我們心中都好感動。漸漸地，我也不再需要每次都指出下一步，而是可以停個幾秒鐘，等她遇到困難呼救時，再出聲幫忙。

最後，時間晚了，我們提醒她該離開了，她也帶著疲憊但滿足的神情，開心地一路唱歌回家。

另一次的戒奶瓶挑戰

另外有一次，是高度依賴奶瓶的女兒在爸媽的洗腦下，學到「小姊姊都用杯子喝牛奶，不用奶瓶囉！」因而有天突然宣布她不要再用奶瓶喝奶了。

一直想幫她戒除奶瓶的我，心裡知道不太可能無痛接軌地將一天多次使用的奶瓶戒除，但至少希望可以移除她半夜淺眠時想喝安撫奶的習慣，因此趕快趁機與她開啟了一段對話，並用手機錄下訪問影片。

我說：「請問妳是誰？」女兒認真的報上姓名。

「聽說，妳說自己是小姊姊，不要再用奶瓶了？」女兒用力點頭。

「半夜也不喝了？」她很阿莎力地說對。

「那睡不著，想喝ㄋㄟㄋㄟ的話怎麼辦呢？」我故意問她。

她遲疑了一下，我趕快趁勝追擊：「那就媽媽陪妳一下下，不要靠奶瓶，對嗎？」她笑著點點頭。

晚上睡前，開始嘗試她自己提出的挑戰。她吃了一點點香蕉，和爸爸一起分享了一點優酪乳，竟然出乎我意料地無痛度過了不依靠奶瓶製造睡意的第一關，滿足又充滿成就感的準備上床睡覺。

溫柔安撫但堅定立場

最難的戰役，在半夜三點半，以淒厲的哭聲開啟。

「媽媽，我不要睡了！我要喝ㄋㄟㄋㄟ！我要去大床！」

這痛哭慘叫與平時的呼叫聲不同，我真切地感覺，有一部分原因是她知道自己話已出口，卻非常想反悔，因此內心特別糾結。

三更半夜，我不希望吵醒隔天還要上班的先生，也害怕干擾鄰居清夢，因此格外努力地安撫孩子，希望讓她慢慢平靜，但是，她看到我，哭得更起勁了，難過失望夾雜著憤怒懊惱，我將她抱起來，先設法安撫她的情緒。她也慢慢吸著鼻子，變成小聲地嗚咽。

接著，對照顧者來說困難的部分來了：我即將製造可能讓自己陷入哭聲再度放大或好幾個小時不用睡的困境，但是，重要的成長機會，值得孤注一擲。

我讓她面對我，捧著她的臉、看著她的眼睛，堅定地告訴她：「寶貝，妳白天已經說妳半夜不喝奶了，剛剛睡覺前，妳也成功做到了，記得嗎？」她的眼睛再度充滿淚水，開始用力搖頭，眼看哭聲又要加倍奉還了，我趕快接著再說。

「媽咪希望妳至少可以試試看，躺下來五分鐘就好，媽媽會在這邊陪妳，如果不行，我們再想辦法。」說實話，我還是有點信心不足，留了一點退路給自己。

她搖頭繼續哭，我只是抱著她，不斷重複上述的話，鼓勵她：試試看，我會在這邊陪著妳。接著將她放回小床。

她看我立場堅定地不斷說著一樣的話，突然從難過求助的狀態，轉為一股怒氣，站在欄杆邊瞪著我，氣噗噗地跺了一下腳。

我有點被她戲劇化的轉變嚇到，但閃過我心中的直覺是，與其說氣我，不如說她更氣的是自己——自己說出口的話，現在後悔了，卻又不想舉旗投降。氣憤下面更深層的，則是無助與害怕，她不知道自己是不是真的可以做到。

我想這時不用說太多道理，因此只是簡單地反映我看到的，讓她知道我明白她。

「妳在生氣。」我說。然後我們倆都安靜了一會。

我再繼續緩慢且堅定地重複：「媽媽會在這裡陪妳。」

突然之間，她躺了下來，安靜且專心地閉上眼睛，試著重新入睡。我輕輕拍拍她的背，內心充滿說不出來的驚奇和讚嘆！哇，她願意嘗試真是太棒了！她能夠這樣跨越自己的情緒糾結真是太棒了！我非常以她為榮，也以自己在當下能夠平靜安穩地陪伴、鼓勵她為榮。

到天亮前雖然只剩幾個小時，但我們都享受了甜美深沉的睡眠。

幫助孩子成長的三個體會

這兩個經驗，帶給我很大的鼓舞，也幫助我看見以往在書上看到的發展心理學如何活生生地上演。怎麼說呢？我的體會如下：

- **透過榜樣與鼓勵，激發孩子的內在動力。**

大部分的孩子都有想要學習仿效，進而成長進步的動力。這樣的動力如果經過大人具體的鼓勵，肯定他願意嘗試的心、肯定他的努力，更可能協助他持續累積自我效能感，並保有這樣的自發動力。

- **描繪先前的成功經驗，累積迎接挑戰的信心。**

在嘗試新挑戰的過程中，難免遇到挫折，有時候孩子會感覺沒把握，開始猶豫是否繼續嘗試，這時如果能夠向他具體描繪他先前的努力過程或成功經驗，可以幫助他增加信心，提升繼續堅持的意願。

- **敏銳觀察個別需要，提供恰如其份的幫助。**

練習相信孩子、放手讓他嘗試，但是同時也要留心觀察過程，了解他目前能力與所需能力的差距在哪，再根據孩子的個性，有智慧地提供他所需要的協助。

小心不要急躁地向孩子強加自己的期望。有些自尊心強的孩子，愈跟他說空泛的打氣詞：「你可以的，加油！」他反而愈焦慮、愈不想嘗試；也要小心不要粗糙地強加自己認為有用的方法，例如：「就這樣，這樣就好啦！」、「就跟你說怎樣怎樣了！」有時不著痕跡的介入，甚至只是表達會在旁邊陪伴，反而效果更好。

做父母的，在陪伴孩子的過程中，能夠以細膩的眼睛與溫柔的心看到孩子的努力與進步，同時也肯定自己的努力與進步，雙方一起享受、慶祝成長的喜悅，這不就是育兒的辛苦日常中，最大的滿足嗎？

心靈保健室

鷹架（scaffolding）一詞是由布魯納、羅斯和伍德（Bruner, Ross ,Wood）於1976年所提出。其基本概念源自蘇俄心理學家維高斯基的學習理論中出名的近側發展區（Zone of Proximal Development, ZPD）概念。

近側發展區，指的是一種心理發展上的距離：個體獨自解決問題所顯示的實際發展水準，與在成人或有能力同儕的合作下所展現的潛在發展水準，二者之間所呈現的差距。

布魯納等人據此將成人或同儕的這種社會支持隱喻為鷹架支持，如同蓋房子或腳踏車輔助輪一樣，在學習初期針對需要發揮支持、協助的效果，協助個體跨越這個差距，等到能力成熟（房子蓋好），則須適時拆除。在為學習者建構學習鷹架時，引導者宜清楚學習者的學習期望，只在必要時從旁引導，並根據學習者的回應，調整給予的協助。

我才不要跟她說對不起

處理孩子與長輩發生的衝突

開口說道歉是一門藝術，
連大人都不一定能應付，
更需要給小孩多一些時間
消化情緒、釐清狀況。
透過引導，
了解孩子擔心的事情，
慢慢突破他的心防。

戰火，在我敬愛的長輩與孩子之間瞬間引爆，一發不可收拾。身為晚輩又身為媽媽的我夾在當中，真的會有一種自己好像沒把孩子教好的羞愧感。

事情的經過是這樣的：

某天我出外工作，一回家，一位小時候看著我們長大、非常照顧我們的長輩正好來家裡拜訪。她劈頭就跟我說：「某人脾氣很大，要注意喔！」

我心一驚，是女兒怎麼了嗎？了解之下，原來是當天稍早好幾次只要有人不合她意，她就大發脾氣。後來，我更親眼目睹這位長輩好心想分享小時候我們最愛聽的故事給她聽，為求逼真將女兒當作故事中的主角之一，向她指了一下，因為這個主角在當中的角色是比較負面的，女兒便很不客氣地直接將長輩的手推開，大叫：「不行！」意思是，我不要當那個角色。

即便隨後長輩有所覺察，主動向她道歉，並且立刻調整了說故事的方式，但她還是爬到沙發上站了起來，氣沖沖地說：「我不要聽這個故事了！我要聽別的！」

先把小孩帶離事發現場

坐在旁邊，但正好在和別人講話的我還搞不清來龍去脈，雖然感受到女兒的生氣，但為了安全還是先出言制止女兒的舉動，要求她先坐下來。長輩隨即向我解釋原委：「我剛剛指了她讓她不高興，可是我有跟她說對不起喔，她後來態度這樣也不對吧！」隨後又轉頭跟女兒說：「可是我還是想把這個故事講完。」女兒聽到對方不照自己的意思做，更加不高興了，眼看她脾氣愈扭愈擰，我以找到她之前一直想找的石頭為理由，想轉移她的注意力，先把她帶離現場，再慢慢舒緩她的情緒，希望說服她待會跟長輩好好道歉。

沒想到，她跟著我來到旁邊，聽我道理講到一半，突然拿著我找到的石頭（有點重量，大小正好適合握在手裡），轉身跑回客廳，留下我這個覺得不被尊重的媽媽在原地。更糟的是，我聽到她跑回去跟長輩「嗆聲」：「妳看我有這個，我要拿石頭丟妳！」這番火爆宣言真叫我在一旁聽得冷汗直冒。

果不其然，長輩這回真的生氣了：「怎麼可以這樣說話！妳知道我是誰嗎？」我本來以為長輩要用輩分來表態，沒想到她接著說：「妳不知道我會打針齁？」身為醫護人員的長輩說的是實話，但女兒聽到她最害怕的打針，想來也被逼急了，往我的方向衝回來，一頭迎上也趕過去要制止她的我。

我開口叫住她，她大概也偵測到我要把她抓回來講話，直嚷著要找阿嬤，但是一進廚房，長輩已經在跟阿嬤描述剛剛發生的事，阿嬤的責任感大概也上身了，也開始念女兒怎麼可以沒有禮貌。這時的女兒，看起來像無處躲藏的小老鼠，用哭腔向阿嬤喊著抱抱。

我跟阿嬤解釋：剛剛發生了這些事之後，她其實是想要來找阿嬤討安慰的。阿嬤很配合地放下鍋鏟，暫時閉上嘴抱了抱她，我跟女兒說明阿嬤還在煮飯，媽媽來抱吧，她便張手撲進我懷裡，我順勢將她接過來，帶回房間「談心」。

找出孩子生氣的原因

我先抱著她好一會兒，感覺到她在我懷中慢慢平靜下來，然後開始溫柔地討論剛剛發生的事。

「寶貝，剛剛媽媽講到一半，妳就跑掉了，還去跟人家說要用石頭丟她，這是不對的。」我直述了事情的發生經過，還加入了我的是非判斷，卻沒有先碰觸她的心情，也難怪她馬上開始抗辯。

「沒有、沒有不對。」

「這是不禮貌的事情，等一下妳準備好了，我陪妳去跟姑婆道歉。」當下的我還沒有醒悟，繼續補充說明，並加入對女兒行為上的要求。

「不要。」又是一陣波浪鼓似地搖頭。

「為什麼妳不想跟姑婆道歉呢？」我直覺女兒今天與往常不太一樣，因此到這時，我開始帶著多一點好奇與開放，想了解她的狀態。

「因為，因為、因為……」女兒因激動和心急而顯得有些結巴：「我說對不起她還是會生氣！」

哦，這句話很有意思啊！聽起來這個生氣下面，好像還有些害怕、有些對彼此關係不確定的不安？我在猜，或許是半天下來，女兒因為感受到不能完全了解這位長輩的風格，而感到有些挫敗，不想被勉強，但又擔心對方兇，此時對方真的發火了，她更擔心對方不會輕易原諒自己。

「所以，妳是害怕嗎？」我試著核對，孩子點頭。

試著為孩子提供解方

BINGO！我心裡一陣喝采，孩子對情緒的防衛與抗拒真的比成人來得小多了，只要帶著同理不批判的態度與之談話，她很快就願意敞開、坦承。

但是接下來，問題來了，如何陪伴孩子處理害怕呢？

我思索著，試著針對上述她可能感到害怕的原因，提供不同的方法。

提議一：「我牽著妳的手陪妳去，好嗎？」

「不要。」

提議二：「那，我先陪妳練習說說看，再一起去？我來演姑婆。」

「不要。我不要妳演她！」

（啊，連我演她都不行啊？這種抗拒程度讓我有點驚訝，不過事後再想，或許我應該讓女兒演長輩，讓她盡情透過模擬投射她對對方反應的想像和擔心，而由我來扮演女兒，示範應對方法。）

提議三：「那，一起禱告好嗎？」

從過往經驗中，我發現女兒在禱告中情緒可以比較平靜，也能夠對自己本來不敢做的事產生嘗試的意願和勇氣，因此便開始摟著她禱告起來。

禱告中，我為她祈求勇氣，祈求可以不擔心對方的反應，單單去做自己該做的部分。但是，禱告結束，問她準備好了嗎？要不要出去道歉？

「不要。」答案還是一樣。

等情緒消化，讓理性浮現

認識長輩多年的我，內心知道只要女兒道歉，長輩肯定會給台階下，但我想，口頭說服無益，因此便想試著用一個故事表達信念：「有時候即使對方沒有辦法原諒，但至少自己心安理得。」於是我即興說了一個故事，內容關於無意間傷害到對方，表達了歉意對方還是不原諒，但過了一段時間後，對方心情也準備好了，雙方和好如初。

故事說完，我問：「好了吧？我們出去道歉吧？」

「不要，我不想。」女兒邊說邊撥弄著手邊的玩偶，語氣雖然放慢、和緩了一些，但仍然不鬆口。

唉，眼看著半小時過去，大家已經要開飯了，我們還在房間耗著。深諳雙方個性的我，覺得此時出去戰火只會愈演愈烈，加上飯桌上這個人一言、那個人一語，情況恐怕更加複雜。我無奈地躺在女兒身旁，跟她說：「在妳和姑婆還沒和好前，我覺得我們不適合出去吃飯，怎麼辦哩？」到了這時，我也感覺無計可施。

我們就這樣安靜了幾分鐘，看我們遲遲沒出現的哥哥來敲房門叫我們去吃飯。我開門點點頭，請大家先吃，然後關上房門繼續坐回女兒身邊。

女兒突然拿著一個玩偶說：「用它當姑婆。」我想了一下才領會過來：「所以妳要跟我練習說說看是嗎？」

女兒好像突然願意嘗試了，於是我們開始演練著：如何完整表達歉意並感謝對方說故事，然後我也模擬一些狀況，預備她能夠回應對方的不同反應。

終於，女兒宣布她準備好了，我們牽著手一起走向餐桌。

從旁引導，鼓勵孩子勇於面對

一走近飯桌旁，我便聽到長輩也正在跟大家說剛剛發生的事，可能是在說明為什麼我們遲遲不出來吧！女兒或許也聽到了一點點，走到長輩座位旁，有點怯生生的不敢說話。

我說：「姑婆，她有話跟妳說。」

女兒囁嚅地說：「對不起。」後半段剛剛演練過的話，已經自動被平時很會講話的她消音省略了。

長輩果然立馬給了她台階下：「我原諒妳！我喜歡妳啊！所以才要講故事給妳聽嘛！妳媽媽他們從小最喜歡聽我說故事了。」

女兒很驚喜地看了我一眼，那眼神真是讓我印象深刻！它彷彿說著：「姑婆竟然真的不生氣了耶！」驚訝中閃爍著釋放與安心。

我向她微笑，為她提詞，鼓勵她完整說完：「謝謝妳剛剛講故事給我聽。」長輩笑瞇瞇地誇她很棒，讓她坐上餐椅準備吃飯。

席間，另一個事發當下也在現場的長輩，偷偷眨眼後對我說：「很棒啊，引導得很好。」

我翻了白眼、小聲抱怨說：「耗了超久。」

她投以會心一笑，說：「結果是很棒的。」

道歉和被道歉都需要心理準備

有些時候，大人看到孩子和其他人起了衝突，會希望他們可以第一時間說對不起，尤其當對象是其他大人——孩子的老師、大人的好友，甚至是長官、長輩，那種壓力會在無形中使大人更焦慮、著急。但是想想我們自己的人際關係，難道我們不曾碰到該道歉而不想馬上道歉的情況嗎？有時候是我們認為自己並沒有錯，或是感到不公平、不甘心；還有些時候則是明知理虧但又拉不下臉，內心深處擔心如果先道歉好像就是示弱了，害怕面對未知，沒把握對方會怎樣回應我們。大人還有很多的面子問題、身分問題，例如我是上司怎麼可能是我去道歉之類的，比孩子們還要複雜。既然我們自己也是這樣，能不能在孩子還沒準備好開口道歉的時候，給他們多一點點時間和空間呢？

再往下延伸、換位思考，當我們終於準備好自己的心，鼓起勇氣道歉了，能不能也接納對方可能還需要一些功夫才能收下、消化這個道歉，並給出回應？如果只是抱著一種「哼！我已經道歉了，他竟然還是不原諒我！」的心態，是不是也不太公平？

給自己允許，讓自己的心準備好；也給別人允許，讓別人用他自己的速度，準備好回應。

心靈保健室

道歉與被道歉都需要做心理上的準備。無論我們在事件中扮演的是哪一方，即便是旁觀者，如果可以，給彼此多一點時間、空間，相信會讓關係少些緊張、多些柔軟。而如果發現自己身為當事人，內在被許多複雜感受卡住，別忘了，與其想著對方應該為自己的感受負責，其實，自己才是最能好好梳理這些感受的不二人選。

我們究竟是不是好朋友？

小小孩的人際難題

小小孩也會想要交朋友，
但他們對於朋友的定義
還有著很主觀的認定，
在拿捏人際關係的過程中，
怎麼樣能夠不否定自己，
又不傷害別人，
是一個需要多元學習的課題。

小孩的世界很單純，同樣的伴常常碰面一起玩，一陣子之後就會認為對方是自己的好朋友；但是同樣地，幾週不見，就會開始顯得有些生疏，需要互動暖機一下，才會重新熱絡一些。

女兒最近開始會逐一點名說誰誰誰是她的好朋友，有時候看到一陣子不見的熟悉面孔，也會去跟對方相認，指著對方說：「你是我的好朋友。」這種裝熟和高調的作風，坦白說一直是我這個內向低調的媽媽不太習慣的風格。

某一天，她也真的踢到了鐵板。

為了誰才是朋友起爭執

這是一個熱鬧的喜宴場合，她遇到一個先前一起吃過幾次飯，但互動其實不算很多的男孩，當下男孩身邊有另外兩個他更常一起玩的女生，女兒並不認識。三個人因為擔任花童，所以都精心打扮，穿著帥氣、美麗的衣服，而女兒只是跟著我們赴約。

女兒看到對方很開心地過去打招呼，主動跟男孩說：「嗨，好朋友，我們是好朋友耶！」

其中一個女孩Ａ大概想：「妳是哪位啊，我們哪有跟妳一起玩過？」便酷酷地回答說：「妳才不是他的好朋友。」

女兒愣了一下，不甘示弱地繼續堅持：「我是！」

接著，兩人就在婚宴當場開始了「妳不是！」、「我是！」、「妳才不是！」、「我是！」的辯論。

男孩夾在真正的好朋友與自認為的好朋友當中，聳著肩有點尷尬地苦笑跟女孩Ａ說：「我也不知道她為什麼要一直這樣說。」

女兒有點委屈、有點困惑，望向我喊著：「媽媽，她說我不是他的好朋友！」

由於典禮還在進行，我作勢請女兒小聲說話，招手喚她過來，輕聲在她耳邊跟她說：「沒關係，這個姊姊不太認識妳，她不知道妳認識哥哥，妳自己知道你們是好朋友就好了。」

面臨人際關係的複雜情境

原本希望這樣安撫後，兩個女孩的叫囂便可平息，沒想到女兒得到了我的確認，又轉頭過去跟那個女孩「嗆聲」，加大音量說：「我媽媽說我們是好朋友！」

女孩Ａ也大聲回擊：「你、才、不、是！」

女兒被激得更加生氣了，我只得輕輕抱著她，希望她不要再衝過去，然後想盡辦法轉移她的注意力，不要再做無謂的爭吵。一面抱著她，一面想著，如果我是她，開始遇到人際關係中的複雜情境，腦中經歷的衝突可能是什麼？我猜想是：為什麼別人不同意我所認為的？為什麼不是當事人說不是，反而是旁邊的人有意見？當事人後來給出的回應，又代表什麼意思？

目睹了這一切的發生，我發現自己有點替女兒覺得難為情，覺得她不必一直要去跟對方爭論，而且連當事人都不認為自己是好朋友，一再強調自己的想法豈不是自取其辱嗎？

女兒本人呢，在被我轉移了一陣子注意力，觀察新娘、新郎等婚禮主角後，似乎也不再被剛剛的事件困擾了，反倒是我，因為這和我一直以來的處事風格不同，我不禁為她這樣的個性感到擔心，但是這擔心好像比較是關乎我自己的，而不是她的。

不急著否定，人際關係的進一步思考

有了這番覺察，相信所有特質都有正反兩面的我，刻意讓自己動動腦想想，這樣的孩子擁有什麼樣的特質，而這特質又有哪些正負向影響。我想到了好強、好辯、會捍衛自己的信念與權利、主動、熱情、外向、願意表達想法等。

真的，這樣個性的人也有她的優勢，那身為與她個性截然不同的母親，我可以如何用一種「為孩子擴充資源庫」的概念來幫助她，而不是試圖去否定她既有個性、改正她直覺反應的方法來引導她呢？

我想到幾個想幫助她進一步思考與討論的方向：

一、當別人和我看法不同時，我該怎麼健康看待自己和他人，進而能夠健康地接納差異。

在這個概念下，我試著引導孩子理解女孩Ａ會說女兒不是好朋友的可能原因，是因為她並不認識女兒，而不是因為女兒不好。

二、所謂「好朋友」是怎麼定義的？單方面宣稱就算數，還是有更深層的意義，例如會互相幫助、互相鼓勵？透過實質上的行動，會不會比口頭上的宣稱更有意義？

對女兒來說，她的想法很簡單，一起互動過幾次、聊過天，就可以稱對方為好朋友。但因為事件中的那幾個小花童年紀都比女兒大快兩歲，或許他們已經對於好朋友這件事有了更深刻、更主觀的體會。

三、如果真的遇到在關係中，一方很喜歡找另一方玩，另一方卻因為某些原因不喜歡這個人，這時又該怎麼面對？

這是延伸的假想題，我想我會鼓勵孩子換位思考，一起討論如果遇到這樣的狀況，會希望對方怎麼對待自己。不一定要與所有人成為好朋友，但是至少要做到不排擠別人、不傷害別人。

陪伴孩子成長，一個前後不到幾分鐘的插曲，就可以延伸出好多能夠更了解孩子想法、個性，進而與孩子一起腦力激盪、彼此學習的多元話題，帶養孩子的生活，可不是激發父母腦力與潛能的最好磨練嗎？

心靈保健室

父母在觀察到孩子的反應時，內心常會有自己的想像及擔心，透過與孩子深聊的過程核對孩子的想法，也透過與自己的對談，釐清自己在擔心什麼。有時候將心情放得輕鬆一些，能夠讓自己的思考變得更有彈性，也更能夠把握機會，因材施教引導孩子。

當孩子說「我不要你了」

聽懂對方話中的真正含意

還不太懂得控制情緒的孩子，
常會出現不理性的失控言語，
其實大人不免也會。
試著探索對方和自己內心的真正感受，
並幫助孩子練習用合適的方式表達。

某個準備帶大寶出門玩耍的日子，一邊預備要帶的東西，一邊催促她穿襪子、鞋子。她一下抱怨自己不會穿、一下抱怨不要穿這雙，當我再次提醒她，時間快來不及了，我們要加快喔。近三歲的她卻冷不防地說出：「哼，我不要妳了！」

類似的情況最近反覆出現，一開始她可能是小聲嘟囔，如果看我們還是不為所動，她的反應會愈演愈烈——聲量加大、振臂跺腳，最後甚至可能演變成悲憤交加、涕泗齊下。

媽媽的心裡也五味雜陳

頭一兩次遇到她這樣的狀態，我的心中也經歷了各種感受：

有一點受傷——我自己大肚子不舒服在家休息多好啊，還想著把握機會帶妳出門玩，那麼用心地陪伴妳，妳卻說不要我了！

有一點生氣——不要我？好啊，妳如果都可以自己搞定，我還省得輕鬆。

有一點捨不得——聽得出她的話語中（至少一開始）也帶有受傷、撒嬌和討拍的成分。

努力嘗試找方法——好說、歹說，邀請、警告……她常常還是鐵了心一路唱反調到底。

於是，更多的無奈和無力感湧上心頭——到底該怎麼讓妳了解趕快弄好出門妳就開心了，不用糾結在這。

最後，媽媽的內在火山或是冷鋒可能也會威力爆發，親子之間的拉鋸戰火又會繼續延燒。

當她真的完全失控了，大哭大叫，我沉默地看著她，心裡想著：「如果，我可以有個透視鏡就好了。孩子，妳到底怎麼了呢？是什麼讓妳為了小小的事情，反應那麼大呢？」

理性上我知道，二到三歲的孩子正在發展自我意識，許多身體上的能力也急速進步，喜歡透過「不要、不行」來試驗自己的影響範圍，因此看起來好像進入了人生第一個叛逆期。

偏偏，他們仍然是小小孩，還是有很多期許自己做到、但卻做不到的事。他們內在有個部分還是很重視重要他人的期待，也同步面對著這個階段的發展任務——練習回應外在期待，慢慢長出自律、主動性與責任感。

這些知識幫助我多一點點理解她的內在困難，但是究竟該怎麼解套才好？我一直盡可能平和地提醒她、提出各種方案，她卻還是愈來愈氣，反覆強調「不要妳了！」

有這麼嚴重嗎？到底問題出在哪裡呢？

角色交換後的領悟

直到某天，我無意中角色交換到孩子的位置，突然了解了這樣的心情。

到了年底，老公工作愈加忙碌，偏偏這個月份又是我們的結婚紀念日加我的生日，再加上二寶即將卸貨的不適及焦慮，我發現自己的內心隱隱期待著對方可以有一些柔情的表示。想要體諒老公的我，決定不要讓他猜我的心意，直截了當地表達我希望可以收到他的卡片「就好」，而他也答應了。可是一週又一週過去，期間有過幾次提示與再承諾，但是重要的日子也一一翻頁了，卻還是什麼也沒有發生。

有一天，我因為一件小事將這一切連結起來，認定他沒有將我的需要放在心上。忍耐與等待使我的語氣無法完全客觀，我覺得失落和委屈，而他可能接收成對他的指責，於是，他開始表達他的身不由己，也指出我沒有感激他忙碌之餘已經努力做到的部分，卻只追究那些尚未達到的。

接下來，話鋒一轉，他想要找我理性討論：「妳也會有一些答應又沒做到的事啊，那現在我們是不是可以就事論事，做比較有建設性的討論？」

我內心的情緒瞬間飆升，這個時候我最需要的才不是理性討論之後怎麼辦，更不想聽他說我也有哪邊不夠好，我只想要他承認卡片還沒寫，表達知道這對我的重要性，願意真誠道歉、表示自己會想有所彌補就好了！

情緒一旦被激發，接下來，就算老公試圖想找我好好談，或是想逗我笑，我都只想背過身去，不想再跟他浪費唇舌，因為，我太「切心」了！

內心的OS一邊跑著，腦海則瞬間閃過孩子在情緒風暴當下，我很平靜的跟她講道理，告訴她「妳不用這樣」的畫面。

我突然明白！原來「我不要妳了」，外顯的是憤怒、是推開，內心真正說著的卻是受傷和失落。如果有神奇翻譯機，翻譯出來可能要說的是：「我想要你用我需要的方式愛我，不要真的走開！請你用心感受我要的是什麼。」

此刻想要的是呵護與靠近，不是講道理、曉以大義。這並不是說講理與事實不重要，只是當一個人口乾舌燥甚感匱乏的時候，不給他水，卻要他吃點乾糧，即便乾糧有營養，他當下還是很難下嚥。我一個成人都如此，何況是小小孩呢？

回應孩子情緒的三個方法

有了這樣的體悟，我對於該怎麼回應孩子，似乎多了一點線索。

- **協助孩子釐清自己的感受。**

我明白了她的強悍下面是脆弱與失落，並且接受這可能是現在的她還說不清楚的感覺，所以，我會試著幫她說：「寶貝，妳覺得生氣和失望，所以才說不想要媽媽了，是嗎？」

- **鼓勵孩子表達自己的需要。**

即便可以猜測幾個方向，但我不一定能猜中她想要我當下怎麼幫忙她。可以透過詢問或提議，為情緒混亂的孩子找台階下，「妳現在希望媽媽做些什麼呢？抱抱妳好嗎？」

- **以自己的平靜感染孩子。**

如果孩子還在情緒風暴當中，或是更重要的，媽媽也感受到內心有一絲不耐煩、憤怒和挫折，那麼我們更應該先做的是調整自己的內在狀態，讓自己舒服地坐在孩子附近，調整呼吸，試著平靜地觀看孩子，讓自己的平靜改變她的混亂，而不是反過來被她的混亂攪動。

練習表達內心真正的想法

運用這些原則在孩子情緒起伏的時候與她互動，老實說並不是每次都能立刻成功扭轉局勢。每一次的情況，可能因為她當天的生理狀況、天氣、前後發生了什麼事情影響當下的心情，而出現效果上的差異，當然，我自己的狀態也是很大的變因。但是幾次成功讓風暴平息後，雙方進行深度的對話，我也試著想要協助她體會，我希望她可以有不同的表達方式。

有一次她說，希望我在衝突當下可以很溫柔地說話，我心裡想，最好是有那麼容易，於是要求她演媽媽、我演潑孩，她看著我真實還原她撒野的樣子，雖然表情一直努力微笑，但眼神中也流露出不知所措與尷尬。可是，她還是很溫柔地反覆跟扮演孩子的我說著：「寶貝，可是我要妳啊！」只此一句，讓我也不禁心生佩服。

經歷過幾次溝通後，我也發現她的變化，她會在不小心又說出「不要妳」之後，好像想起什麼似的，急著辯解說：「我沒有說不要妳。」但是稍後又氣得說「我不要妳。」看她反覆跳針的樣子，我覺得有一點疼惜、有一點好笑，但也感受到她所做的努力。

孩子並沒有辦法一步到位改變行為，我也還在摸索適合她的應對方式。有時，我可以成功地反覆表達：「可是我要妳」；有時，我也真的需要一點時間離開一下她的情緒風暴，讓自己重新歸於平靜。

在後者那樣的時間裡，我所做的，是試著連結自己內心最根源的真心話：「孩子，我還是愛妳，無論妳當下的表現如何。是的，我真的要妳。」

後記：和老公鬧彆扭的部分，後來的發展是我放棄期待他猜透我的心，轉而努力召喚自己身為成年人的理性，為我心中想被疼愛的小女孩發聲。我說：「我們當然可以建設性地聊，但那可以等一下嗎？現在，我只想要你好好抱抱我！」感謝老天，他也總算聽懂、並回應了我當下的需要！

心靈保健室

相較於大人，孩子還不能熟練地為自己發聲，所以，更有賴重要他人在平時透過這樣的訓練，慢慢幫助孩子接觸自己的情緒和需要，進而練習用合宜的方式表達出來。

時常和孩子共讀，了解不同情境中可能引發哪些情緒，教導孩子認識那些情緒，有助於他在日後自己有那樣的感受時，有線索知道自己怎麼了。下一步便是陪伴孩子討論怎麼樣的表達會是別人可以理解和接受的，進而能夠協助他們、滿足他們的需要。

平時的演練不會完全避免孩子偶爾的暴走，但是常常對談、演練，一定會幫助孩子逐漸成長！

祖父母向父母告孩子的狀

聰明化解兩代教養的差異

如何教養孩子，除了夫妻之間，
最常發生歧見的就是
和父母間的世代觀念差異。
理解孩子的特質、感恩父母的用心，
從中找到可以達成共識的教養方式。

現代父母工作忙碌、養家辛苦，不少父母有幸請公婆或娘家幫忙照顧孩子，但隨著互動多了，兩代之間的教養差異也常是父母們煩惱的問題。

對我來說，以前爸媽和公婆只是短時間照看，但在我住院生產與坐月子期間，大寶借住公婆家由公婆照顧，對我們所有人來說都是一個新經驗，也多了一些新的互動插曲。

接收來自父母的教養訊息

熬過了在醫院的頭幾日，到月子中心後，公婆不時帶著大寶前來探望我們，雖然一次只能互動一小段時間，但是我和老公都引頸期盼著。

每次大寶來，我和先生輪流和她說說話，帶她去看嬰兒室中的妹妹，這頭公婆也忙不迭地跟我分享大寶的近況。其中有歡樂的部分─孩子的童言童語或令人驚喜的成長；也有一些他們和她過招時心中的苦水。

婆婆有感而發地說：「我現在才知道妳平常多辛苦，沒想到她那麼有主見，有夠堅持！穿一件衣服一定要自己喜歡的顏色，不想要的就是怎麼樣也不肯穿……但這樣不行啊，要鼓勵她都要多嘗試才行。」

公公接著說：「她還是不願意坐馬桶大號，一定要在尿布上，好奇怪不知道為什麼這樣堅持。」

我因為知道她如果不包尿布情願忍便，先前曾經導致便秘引發更大的抗拒，所以我回答：「沒關係，不要勉強吧，不然便秘了更不敢上了。」

「我覺得還是要訓練她，不然以後她去上學，別人會覺得她很奇怪。」公婆同聲這樣表達，打算繼續嘗試。

其他還有各種訊息紛飛而至：一玩就容易停不下來、答應了又耍賴、生氣會作勢要踢人、出言不遜等。

在三代之間換位思考

我聽著這些關於女兒的消息，內心其實並不意外，這些的確也是我認識的她：有著鮮明的個性，也有需要繼續成長、調教的部分。但是聽著聽著，內心卻浮現了其他感受。

有的話語聽了讓我感到安慰，甚至想要附和訴苦：「是吧是吧！終於有人了解我跟她終日周旋的辛苦了。」有的則會漾起一些不安全感，例如當他們說「不能讓她這樣子」時，背後意思好像是在說：「妳以前沒有那樣訓練她是失職的，她這樣子下去是不好的。」

不過，也有一兩次，當我不專注在自己的感受上，而是選擇站在公婆的位置，體會他們的心情時，我也能感受到兩位長輩很努力耐著性子跟她互動，而這或許也使得他們心生疲憊和無力，需要透過述說來紓壓或求助。

整理了我自己身為主要照顧者的心情，也體會了公婆身為代理照顧者的心情，我也好奇女兒這個當事人聽到這些對話的心情。

聽爺爺奶奶向媽媽告狀自己不好的地方，她會不會覺得丟臉或想逃避？她會不會豎起耳朵想要仔細聽，近來不在身旁的媽媽會怎麼回應自己闖的禍？

我相信是會的。我也相信，不論有些對於她的敘述是來自公婆或是我，都有可能成為她自我概念的一部分，例如：我就是一個調皮搗蛋又固執的孩子、我就是一個讓大家傷腦筋又受不了的孩子。

即便在我們對話的當下，她看起來心不在焉、東轉轉西晃晃，偶爾試圖轉移話題，我仍然相信在她的知覺裡，大人們如何看待她、如何討論她，很可能會對她的人生帶來重大的影響。

應對世代教養差異的四個建議

靜下心後，我想有幾個大方向是父母們在面對類似情況時可以嘗試去做的：

- **覺察、安頓自己的心。**

如果你和我一樣，在聆聽對方的敘述時心裡有些波瀾，請先花點時間沉澱那些感受是什麼，承認並接納自己也需要被認可，以及有時候可能會有些不安全感。看見並接納後，就讓這些感受自然地離開。

舉例來說，長輩不希望她連穿個衣服也要堅持己見，但對我來說，這相對於生活中其他不能妥協的事情來說是一件小事，所以我選擇不在這件事上和女兒起衝突，只要衣著適合今天的場合、氣候，我便盡可能讓她自己做決定，這是選擇的問題，不代表有錯。

另外，有些事情是因為孩子仍處於該任務的發展過程，例如不願意坐馬桶，或是短時間內因為不安全感而顯得較有攻擊性，那麼父母們也不妨多給自己一點寬容，接納孩子仍在受訓當中，也向代理照顧者分享這樣的想法，舒緩他們的挫折感。

- **刻意選擇感謝與平靜。**

除了不沉溺在自己的感受中以外，我發現當我們選擇聚焦在長輩說這些話的好意，體會到他們也是出於對孩子的關心，並且感謝他們在我們有需要的時候補了缺口，我的心更有機會重新歸於平靜安定，也更能夠放輕鬆地看待彼此之間的差異。

- **分辨內容的屬性。**

平靜了心情，接下來可以回歸到事情本身，區分那些描述的屬性，以決定該如何回應。有些差異，父母可以選擇睜一隻眼、閉一隻眼，讓代理照顧者選擇他們想要的做法。上述穿衣服及如廁訓練的部分，我選擇尊重公婆的做法，畢竟，他們出於好意，願意費心費力與孩子在這些事情上磨合，我又何必阻止他們呢？

有些，則是孩子真的做了不可容許、需要立即糾正的事，例如不尊重長輩、隨意頂嘴，這時就算公婆包容她、不跟她計較，父母還是應該把孩子帶到旁邊提醒，也向公婆表達這件事的嚴重性，邀請他們一起在孩子出現不當態度時嚴肅地提醒她。如果大人們能夠在這樣的事情上有好的溝通和合作，孩子體會到父母與代理照顧者的在意，心裡也會更加警醒。

- **細膩且中性的表達。**

在心裡做出了判斷，接下來就是當著孩子的面要怎麼回應。我想有了上述的思考過程，父母不太會情緒化地說出傷害孩子自尊的回應，但是仍然有兩個要點提醒：一是用成長性觀點看待孩子，練習正面表述孩子的特質，例如穿衣服事件，我可以回應公婆：「是啊，她是個很知道自己想要什麼，也能夠很清楚表達的孩子。謝謝爸媽想要鼓勵她嘗試別的風格。」孩子在旁邊會接收到正面的自我概念，長輩也收到我們了解他們的好意。至於他們後續要怎麼互動，就是他們雙方的事了。

再例如長輩無奈地說：「她真的很愛調皮搗蛋。」在孩子面前，我會回應：「孩子真的很愛玩，有時候會玩得停不太下來，需要多多練習。」然後我會私底下跟長輩分享一些之前試過的方法給他們參考，並再次感謝他們的照顧與包容。

這段將孩子交由長輩照顧的過程，意外地也成為一個機緣，讓我學習安頓自己的心，放下我過去育兒教養的成敗，交託我短時間內想做卻做不到的心願，並且嘗試以未來的願景，回推孩子現階段重要的事。雖然有些遺憾沒辦法親自照顧大寶，但是或許這過程也讓我們彼此都多了些成長！

心靈保健室

有時候，父母在碰觸到長輩對管教問題的意見時，內心會升起其他更多的感受，例如來自過往自己成長過程中的遺憾與不滿，或是對於該長輩有許多新仇舊恨在心中，甚至可能會牽涉到婆媳問題等來自兩個不同原生家庭的差異等，這種情況下，要記得保護自己的小家庭——夫妻間互相合作、彼此支持、尋求共識會更加重要。若有差異，也要試著在和緩與感謝的態度下，彼此尊重。

當幼兒開始有祕密

孩子有話不說的心理狀態

孩子有話不說，先別急著動怒，
不同的狀況可能隱含著不同意義，
這也是孩子逐漸成長獨立的表現。
先理解他的心理狀態，
再慢慢引導他跟你分享。

「媽媽，我不想告訴妳，那是我的祕密。」還記得那天她別過頭去，一字一句清楚地對我說出這句話，我心中出現一個畫面，那座自她出生、我為她搭建的小城堡好像崩塌了一角，而一個嶄新的獨立小空間卻從灰燼中幻化了出來，那是她一個人的小空間，上面彷彿還掛著一張牌子寫著「非請，勿入」。

玩水彩打翻事件

這件事發生在孩子三歲的某一天。那天我和她一起在玩水彩顏料，玩心大發的她，常常一次沾了太多水，弄得整張紙濕漉漉的，幾次甚至弄翻了裝水的小杯子，弄得整個桌子都是水。我一面叫她用放在一旁的抹布將水吸乾，一面提醒她小心別再打翻，她急匆匆地說：「好、好、我知道。」但是一眨眼，匡啷一聲，又一次將剛斟滿的水打翻。

她看著我，眼中閃過了驚嚇，隨即化為怒火，氣鼓鼓地對我說：「噢，都是媽媽害的啦！」

我難以置信地看著她，這時她卻彆扭地來到我身邊，用哭腔說要抱抱。

看著她明明自己不小心，還把錯推到我身上，我感覺心中的煩躁也即將爆發。但是一面深呼吸、一面看著她的肢體語言，我感受到她似乎正經歷著不好受的情緒，便忍住自己的火氣先按兵不動。

擁抱了好一會兒後，我問：「寶貝，現在有好一點嗎？」

「有。」她說。

「妳剛剛怎麼啦？可以跟媽媽說嗎？」

原本看著我回答的她，悠悠地把眼神轉開，但一字一句很清楚地回答：「媽媽，我不想告訴妳，那是我的祕密。」

聽到她這麼說，我更驚訝了！這是她第一次這樣明確地宣稱自己擁有祕密、不想告訴我。

一開始我還很想說服她告訴我：「是喔，可是媽咪很想了解妳耶！」

她還是搖搖頭，但帶著比剛才輕鬆一些的神情：「可是我不想說。」

孩子不想說，是擔心我責罵她？覺得不能信任我？還是她故意不合作呢？

孩子保有祕密的三種心理狀態

剛開始發展自主意識的三歲幼兒，正在生活中學習區分你和我，而能夠保有祕密，更是明確地使「自己」和「他人」因為所知不同而區分開來。當孩子們保有祕密不想告訴父母，可以大致分為以下幾種心理狀態：

- **想避免說出來的後果。**

有時候，孩子因為可以猜測到大人的期望或標準，因而預先猜測若說出實情會遭受自己不想要的後果，例如被處罰、責罵、取笑等。這種祕密雖然在大人眼中看來是負面的，但想一想其實需要孩子發展出幾種重要能力：預測他人的想法、理解他人的期待、能夠知覺自己的羞愧、罪惡感，並且想要避免這樣的情況發生。

- **不知道該怎麼說。**

有些情境下，孩子可能內在正經歷著複雜的感受，他也不太知道該怎麼描述，比方說懊惱、期望落空、自責等，這些他不知道如何命名的情緒，孩子很可能容易用生氣或吵鬧的方式展現，但卻不知道該怎麼好好跟大人說。

- **主動創造的祕密。**

日本著名的心理學家河合隼雄提到除了上述的祕密，孩子們還可能主動創造祕密，例如珍藏祕密寶物、不告訴別人自己的獨特發現等。而這不僅是創造力的展現，透過保有自己的祕密，以及審慎選擇分享對象來共享祕密，孩子們也在實踐自己的獨特，以及建立「不同於其他」的人際關係。

面對孩子有祕密的三種處理原則

想到祕密對於孩子們有這些意義，使我得以將被排除在外的微微刺痛暫時放下，用更宏觀的眼光來看待此事。

孩子小的時候，你感覺你們是一體的，他會想盡辦法將他的需要傳遞給你，並期待你能夠為他滿足這些需要。等到他們漸漸長大，他們竟然開始因為某些原因而決定不要跟你說，這不也代表他有了一些自我選擇與承擔的能力？

當然，孩子還小時，他的判斷不一定全面，那麼做父母的我們可以做些什麼呢？針對上述不同種類的祕密，可以視情況把握以下原則。

第一種：害怕面對後果的祕密。父母可以做的是透過多表達、多鼓勵，讓孩子知道做錯事並不會減損他的價值，也不會改變大人對他的愛，確保孩子知道，他是被無條件接納的，因此即便感到羞愧，他仍然可以承受向人坦承時的脆弱感，與信任的人分享祕密。

第二種：不知道該怎麼說的祕密。父母可以透過仔細的觀察，設身處地推測，然後以開放的態度詢問孩子，以此邀請孩子展開對話。過程中要留心不要淪為說服，而是帶著好奇，邀請孩子核對是否與他的主觀感受相符。如果孩子認為不盡相同，也尊重孩子的感覺，允許否認或加以補充。

第三種：主動創造的祕密。只要沒有太多安全上的疑慮，或許可以欣然接受孩子發揮他的創造力，打造他的獨特想像世界，讓他保有祕密。說來也有趣，當我們表現出尊重與接納的態度，不追問、不勉強，孩子們說不定反而會忍不住要跟我們分享他的祕密呢！

釐清狀況後分享心情

回到一開始的故事。

我當時的判斷是，女兒在我抱抱她並強調會接納她的感受後仍然不說，可能是因為不太知道該怎麼描述。於是，我問女兒：「媽媽可以猜猜看嗎？是不是妳其實不想打翻水，可是一邊聽我提醒一邊卻又不小心打翻了，所以對自己有點生氣？」女兒張大眼睛吃驚地看著我，點頭如搗蒜。

經過了這樣的核對過後，接下來，我便能把握機會和女兒分享這樣的情緒叫做「自責」，甚至，我們還能進一步聊聊這種感覺有哪些意義、將來可以如何處理這樣的感覺。最後，也是最重要的是，讓孩子知道，無論如何，我都愛她，也願意陪伴她一起面對，她不一定需要獨自消化這樣的祕密。

心靈保健室

孩子年紀愈長，會有愈多父母陪伴不到的時間以及不知道的經歷。從幼兒時期開始與孩子建立分享祕密時的信任感與安全感，就是對關係最好的存款，也是孩子面對花花世界中令人困惑的各種挑戰時，內心最堅強的安全堡壘和後盾。

舊手媽媽新戰役

每一胎都是不同的挑戰

相較於新手媽媽，
生第二胎的媽媽並沒有比較輕鬆，
因為面對每個獨一無二的小孩，
都是新的挑戰。
唯一得以安慰的是，
我們的愛與智慧也在提升。

生養孩子這件事，可以適用「一回生二回熟」這種說法嗎？我會說，第二次經歷的確較少未知和陌生，可是也絕非用舊經驗複製貼上這麼簡單。

具備知識但戰力有限

二寶出生滿月之後，開始正式進入作息調整階段。即便是第二次經歷這一切，凡事不像第一胎的新手媽媽時那樣毫無頭緒，但是身心的限制還是扎扎實實地在那——睡不飽、會累會煩，對身旁的隊友也還是會產生各種情緒。當孩子奶喝了、嗝也拍了，尿布換了、抱也抱了，還是不知為何哭個不停，真的會讓人從著急無助轉為煩躁惱怒，理智隨著破碎的睡眠周期一起斷裂。「妳到底要幹嘛啦？」深夜裡我小聲地壓低聲音怒吼，寶寶聞聲安靜了兩秒，隨即變本加厲放聲大哭。

好不容易哭累了、睡著了，我小心翼翼地將她安放好，自己也輕手輕腳地躺下，但是，不到兩分鐘，耳畔哭聲又起，又要起身。

幾次耍賴不想馬上起來，過一會兒察看卻發現她溢了好幾口奶，罪惡感與擔憂在心中飆升，教人不敢再心存僥倖，既然難以確定她的哭聲要表達什麼，一聽到呼叫，總要認命地起來察看一番。

學會笑看一切、沉著以對

連著過了好幾晚這樣的生活，某天片刻，我突然覺得自己反覆這樣不知道在做什麼，心中有個聲音念著：「都第二胎了還不會將寶寶的作息調整好？」自責是最鋒利的刀，瞬間心中鮮血淋漓，悲從中來哭了一會。隊友被我的哭聲驚醒，睡眼惺忪地向我伸出手來，我的手上還沾著剛抹下的淚，也握了握他。

晉升二寶爸，隊友感覺也和第一胎時不同了，他更能夠笑看一切，好整以暇地與哭鬧的寶寶抬槓。我一開始總覺得氣惱，心想：「你還笑？有什麼好笑的？人家使勁吃奶的力氣哭得要命呢！我在這灰頭土臉各種嘗試還是搞不定，你還笑？」

可是後來發現，其實能夠在新生兒出生頭三個月笑看生活之荒謬瑣碎的人，才是最厲害的精神支柱。明明他的工作壓力也不小，可是當他回到家後竟能夠以這種幽默詼諧的姿態應對家中毛躁的嬰兒和老婆，好像無形中傳遞了一種訊息：「一切都好，會沒事的！」

大概也是因為有這樣的信心，所以當他摸到我的眼淚，似乎嚇了一跳，但還是什麼話也沒說，迷迷糊糊翻了個身，繼續睡了。

而我嘛，第二胎了，似乎也知道沒什麼好計較的，上半場戰役總是想著趕快把寶寶擺平，自己好睡回去。但現在淚流過了，心也平靜了，反倒更能不期不待，繼續在夜色中一邊聽著老公和大寶雙簧般的呼聲，一邊陪著寶寶做各種嘗試。

不知過了多久，天色發白，等到寶寶終於沉沉睡去的時候，我卻毫無睡意了。

一加一大於二，手足間的化學變化

「舊手爸媽」，也代表著將面對多個孩子，以及手足間複雜的化學反應。

從一開始預備大寶成為小姊姊，到安排兩個孩子相見歡，我和隊友自認思考得十分細膩，也很用心地持續觀察大寶的狀態。

三歲多的小姊姊真正見到妹妹後，外顯的表現是大聲向眾人宣告：「這是我的小baby」，堅持要抱妹妹，要餵她喝奶、要幫她換尿布。但是同一時間，她也會要求我跟她玩假扮遊戲，假裝她是小寶寶，然後講故事時千篇一律要有媽媽、姊姊和弟妹，而且姊姊在故事裡一定要是弟妹的好榜樣。

白天一打二的時間裡，我覺得最難的是照顧安撫二寶的同時，還要兼顧大寶的心情。有時候即便我努力忍耐，想先專心陪伴大寶到一個段落，不要因為妹妹一哭就丟下她，但是隨著妹妹哭聲愈來愈激動，老大和我還是會因為被妹妹的哭聲影響而變得心浮氣躁。

大寶有時會說：「妹妹怎麼啦？我來我來。」然後把想喝奶或是想要媽媽抱的妹妹惹得更暴躁。有時她也會生氣起來：「吼，妹妹為什麼一直哭啦？真是的！」

儘管大部分的時間裡，大寶似乎沒有太多糾結，念個幾句也就沒事了，不過這也不代表她心中平靜無波。她開始會偶爾問大人：「為什麼你們都對妹妹比較溫柔？」或是在我溫和提醒她一些小事情時，帶著委屈說：「我覺得妳不愛我了。」

同時照顧兩個孩子的拉鋸戰

儘管知道她是在討愛，但是一次又一次解釋之後，還要再面對一樣的提問，真的會讓人有些厭煩，更何況，在有些情境下，大人還真的會期待大孩子更懂事、更配合一點。

有一天，妹妹正因為不明原因在哭，安撫了好久都停不下來，似乎在說非要媽媽抱起來不可。我一邊在準備讓老大睡午覺，一心想要她趕快去上廁所後回來就位、躺好。總是不願意去睡覺的大寶心不在焉、拖拖拉拉，把我的話當耳邊風，逕自趴在妹妹旁邊一會弄妹妹的耳朵，一會摸她的頭。

她這一弄，妹妹因為被弄得不舒服而更加煩躁激動。我提醒了好多次無效，心中突然一陣惱怒，一掌往姐姐的屁股拍下去，一邊大聲說：「妳快一點！講幾次了？」

只見大寶吃了一掌、驚訝地轉頭看我，眼神中寫滿「妳怎麼可以這樣對我」，我一看到那個驚嚇又受傷的眼神，便後悔了。

即時給予老大安心感

我趕緊坐下將她拉過來，捧著她的臉說：「寶貝對不起，媽媽不應該這樣。可是我一直叫妳趕快動作，妳卻只是一直弄妹妹，妹妹不知道為什麼一直哭，所以媽媽很急。」我心疼地抱著她，但也忍不住為自己辯解。

她邊聽邊鑽進我懷裡，再起來時，雙眼掛著兩滴眼淚，然後用好委屈的聲音配上好有戲的表情說：「我心裡也在哭，只是妳看不出來而已！」

我輕輕抹掉了她的眼淚，說：「對不起、對不起，因為妹妹哭得好大聲，媽媽好煩躁。」

她皺著眉、苦著臉，大聲地用哭腔說：「妳再這樣……我哭得比妹妹更大聲喔！」

此時我的心疼漸漸轉為莞爾，於是苦笑著跟大寶說：「拜託妳不要哭，不然妹妹哭妳也哭，再來媽媽也要哭了。」

我們又抱抱了好幾下，她才慢慢止住傷心，躺上床東滾西滾，最後沉沉睡去。

這個互動一直在我腦海中反覆播放，尤其是她轉過來看著我的受傷眼神，我一方面感到自責，一方面卻也可以理解自己當下的煩躁真的到了臨界點。同時，我還欣賞自己後來可以很快地向孩子道歉，也給出空間容納她的表達；更欣賞孩子透過生動的表達天分，讓我能夠體會並貼近她的感受，當然還有，她最後對我的原諒。

孩子提醒了我，她的抱怨不是故意要找碴，而是在向信任的大人求援。她心中的確有疑惑和不安，而大人溫和堅定的應對，雖然不一定能夠解釋得讓她接受，卻能夠將這份安定感染給她，使她也慢慢安穩下來。

再一次的機會，這次你想怎麼做？

早我兩、三個月迎接新生寶寶的朋友捎來訊息，表達他看了坊間各派關於睡眠訓練的說法，想聽聽我這心理師媽媽怎麼看。我回應：「不瞞你說，我也正煩惱著呢！第一胎時一下聽到這種說法、一下看到那個說法，常常拿不定主意。現在剛生二寶，正在經歷睡眠混亂期，但我心中一樣會猶豫這次要不要訓練、何時開始、怎麼做啊？」

是的，第二次做母親，並不會讓人什麼都有答案。

身為「舊手媽媽」，優點是妳好像比較知道各種派別、做法的代價大概是什麼，因此心中有個大概的停損點，知道自己可以容忍到什麼程度、無法接受哪些做法。但是，難就難在育兒不能當作一門精確科學，第一胎時極好的做法，在另一個時空下，用在另一個寶寶身上，未必能產生類似的結果。這當中，有太多無法控制的變因了。

所以，可以回顧過往，試著反省反思帶養大寶的過程，但是不要讓過多的後悔和自責綁架了自己，因為妳那時也盡力做了當下最好的選擇。

最終我跟好友說的是：不論決定怎麼做，要記得一個大原則，那就是選擇做法時，要以媽媽自己心中能夠平安、篤定最重要，盡可能同時照顧好寶寶與自己，不要太過偏重一方。太勉強自己，或是太勉強孩子，一定都會有一些後遺症。

結論是，當我們以舊手媽媽的身分加入新的戰役，會因為經驗值提升而愈來愈輕鬆嗎？我想不會，因為難度也在不斷提高。但是可以肯定的是，我們的愛、智慧與包容力，也都隨著孩子一年年的成長，不斷不斷地在提升！

心靈保健室

每個孩子都是獨一無二的，有些孩子不善表達內心的害怕不安，他們比較習慣用壓抑或是非語言的方式（例如咬指甲、睡不安穩、腸胃不適等），來向外界求助，這樣的孩子不容易第一時間被注意到內心的需要，需要大人細心觀察、主動開啟對話。另一種孩子，很會主動表達自己內心的感受，有時他們反覆地控訴或抱怨，則可能引起大人的反感或不耐，於是反而以不好的方式回應。這樣的孩子更需要大人保有內在的平穩安定，有耐心、愛心地核對他們真正的需要，予以包容、好好回應。

Chapter 4

那個稱為爸爸的隊友

新手爸爸的產後憂鬱

親職角色帶來的衝擊和應對之道

什麼？新手爸爸也會產後憂鬱？
除了告訴你出人意表的數據，
還道出新手爸爸們的心事，
以及最重要的：
新手爸媽可以如何一起化危機為轉機。

「孩子出生以後，我們的關係真的愈來愈緊張，他說我變了一個人，我才氣他都沒長進！每次爭吵時，兩個人都搞得烏煙瘴氣，偏偏小孩在旁邊哇哇大哭，我還是得去顧。幾次下來，我也算了，懶得再白費力氣跟他說什麼，可是內心的情緒卻沒有隨時間消散，反而好像不斷累積。」

「又來了，就妳最厲害，我真的不知道到底要怎麼做妳才滿意？工作那麼忙，同事老闆都還沒離開，我還是硬著頭皮盡量早下班回來陪你們，但不管我怎麼做，妳都有意見，那好，妳比較會，妳來，我去旁邊不要礙事行了吧？一拿出手機，妳又要大呼小叫，這樣的話我還不如留在外面，幹嘛回來找罪受？」

上述的對話，家有新生兒的夫妻想必不陌生，就算不是發生在自己身上，恐怕也不難想像為什麼有夫妻會說出這樣的話來。

新手爸爸也可能有產後憂鬱

前陣子我做了一些關於產後憂鬱的研究，過程中驚訝地發現，新手爸爸們也可能出現產後憂鬱的現象。各國的研究數據，彼此之間可以互相補充，例如英國牛津大學拉姆查丹博士（Paul G. Ramchandani）調查了兩萬六千名新手父母，發現百分之四十的新手爸爸在八週內出現憂鬱症狀；而美國的醫療研究則指出每十個新手爸爸中，就有一個面臨初為人父的憂鬱症（前者有憂鬱症狀，不代表正式確診為憂鬱症，因此後者比例較少是可以理解的。）

另有一份國外研究對照了新手媽媽與新手爸爸的產後憂鬱數據發現，相較於媽媽們的產後憂鬱通常在產後三個月內出現，爸爸則在一年內都有可能發生。數據進一步顯示，產後一個月內，爸爸的產後憂鬱症發生比例為百分之十三點六；產後半年內，比例為百分之十六點三；產後一年則為百分之十九點四。由數字可知，隨著孩子的月齡愈高，爸爸的產後憂鬱發生比例也逐漸提高，推測可能是因為部分的照顧責任開始轉移到爸爸身上，因此爸爸的壓力漸漸變大、憂鬱的比例也逐漸提高。

新手爸爸有哪些壓力？

在看到這一系列的研究之前，我不曾聽過有人用產後憂鬱來形容新手爸爸。相關的討論內容大多是關於孩子出生後，有一段時間夫妻的衝突頻率會提高、關係滿意度會下降，甚至是因為新生兒出生而帶來的婆媳問題等等，但將這些擺在一起想，數據的樣貌也變得可以理解了。畢竟在關係中，衝突頻率上升與滿意度下降同時影響的是夫妻雙方（或許還有孩子）；婆媳問題絕對也會影響夾在當中的丈夫，所以沒道理只有媽媽會有憂鬱症狀，爸爸卻絕對免疫。

假如說媽媽的產後憂鬱成因，與身心經歷的變化以及育兒責任的重擔有關。那麼，爸爸們又會為了什麼而憂愁煩心呢？為了回答這個問題，我展開一個小小的田野調查（絕對不只問我家那一位而已），蒐集回來的心聲也與前述英國的研究十分相近——幾位新手爸爸分享他們在即將成為父親、到孩子真正出生的前後幾個月，內心不時冒出以下的聲音：

「我能否成為稱職的父親？」

「養小孩開銷那麼大，我在經濟能力上可以撐起這個家嗎？偏偏這種時期我又不能像以前那樣隨時加班來爭取表現，到底該怎麼辦才好？」

「我是否將從此退出以前的社交圈？再也沒有自由的生活？」

「太太是否從此會將重心放在孩子身上？我們的關係是否回不去了？」

別讓先生的壓力不斷累積膨脹

將這每一個問題放在新手爸爸的處境來想，真的可以明白他們的擔心並非空穴來風。這些問題的答案，絕對不是「是」或「否」那麼簡單，而是需要深入對方的脈絡，了解對方真正的擔心，才能夠回應到對方的心坎裡。不過，這次田野調查的經驗給我一個深刻的感想：我們真的處在一個兩性都充滿壓力的年代，不只太太被賦予多重期待（要當個好媽媽、好妻子；要勇於追求夢想和工作；要維持亮麗的打扮等），先生也是一樣，原有的經濟重擔並沒有挪去，至少也還要負擔一部分的責任，另外還要願意分擔育兒和家務，要能陪伴和疼愛老婆，另外也要保持運動健身、照顧自己健康的習慣。在這些彼此之間互相爭奪時間的標準之下，又加上外在社經環境的挑戰，生活真的充滿了壓力。

可是，這些壓力，很多新手爸爸是沒有機會、也沒有習慣向別人傾訴的。即便是對著太太，很多人也不習慣用分享自己需要的方式娓娓道來，更有些人或許壓根沒有察覺到自己已經在壓力爆表的邊緣了。

當先生的這些心事還沒有被好好地釐清、處理，卻又在每天與妻子和新生兒的互動中不斷被刺激、不斷累積膨脹，例如身心也在巨大壓力下的媽媽可能看不慣爸爸不熟練地處理孩子，無意間出口糾正或抱怨先生，那麼很有可能，家，這個理應是避風港的場域，反而變成了爸爸們的另一個壓力鍋。

小訣竅，讓壓力危機變成轉機

那該怎麼辦呢？一個即將迎接新生兒的小家庭，準爸媽都要面對那麼大的挑戰，該如何攜手合作度過難關，甚至讓這個危機變成關係更加親密的轉機呢？有一些小訣竅給新手爸媽們參考。

一、夫妻可以一起學習這麼做

- 有適當的心理準備。生養小孩的確辛苦，但也是甜美且深富意義的生命風景。
- 不將對方的付出與犧牲視為理所當然，常常表達感謝與欣賞。
- 學習良好的溝通方式，以「我」作為訊息的主詞，為自己發聲但不指責對方。
- 定期安排兩人的約會，在那個時間放下身為父母的責任，再次愛上對方。

二、媽媽們可以這麼做

- 提早讓先生參與懷孕生產的過程，增加其參與感，也創造兩人共同的新回憶。例如邀請爸爸參與產檢、上生產課、陪產、同住月子中心、鼓勵其參與育兒工作，並時時給予肯定。
- 記得育兒對先生來說也是新的挑戰與新的經驗，彼此體諒、彼此幫助。

- 負起照顧自己的責任，讓自己過得好而非期待對方負責。

三、爸爸們可以這麼做

- 好奇並關心妻子在懷孕、待產過程的體會，珍惜妻子的付出與犧牲。
- 面對家庭外的壓力，試著調整優先順序。
- 保持運動的好習慣，建立良好的生活作息。
- 擁有能夠分享心事的好哥們。

說穿了，其實我們每一個人要的都不多，不外乎就是被看見、被珍惜、被愛罷了。

身為新手爸媽，在我們學習愛小孩的同時，在我們感受到自己的害怕、犧牲與匱乏的同時，別忘了多分一點點心力給身旁的伴侶，記得他也正經歷著和我們相似的挑戰。當我們能夠這樣想的時候，或許就能試著將「向對方索取」轉變成共同創造；將責怪，轉變成體諒。然後，或許就可以扭轉家裡一觸即發的火爆氣氛，轉變成充滿柔情和幽默感的美好互動。

心靈保健室

根據統計，高達百分之八十的婦女因為生理、心理、作息上都經歷重大變化，因此在生產後會有輕微的產後憂鬱情形。大多數婦女會在二至三週後痊癒，不過約有百分之十到二十的產婦可能出現較嚴重的憂鬱症狀，持續至產後二到三個月，自覺疲乏無力、無法應付生活、照顧嬰兒，甚至有想傷害自己或孩子的念頭，這樣的狀況如果能夠及早接受身心科醫師或心理師的協助，會使身心壓力都顯著下降。大約有極少數（千分之一）的產婦可能出現妄想、幻覺等症狀，可能需要住院觀察治療。

本篇在描述的是爸爸的憂鬱情形，雖然爸爸沒有直接經歷懷孕帶來的生理變化，但是可能面對的挑戰，一樣值得親友關注。

小心被流行語洗腦

你也在神魔化你的隊友嗎？

在網路時代，
流行語傳播得特別快，
每天被洗腦的結果，
也影響了我們的判斷能力。
不要倉促論斷身邊的伴侶，
好好地覺察內心，
傳遞正確訊息，
才能培養出「神默契」。

還記得小孩剛出生的時候，遇到各種新挑戰，我不時會上網查查其他媽媽的育兒經，常常讀著讀著就會在字裡行間看到「感謝神隊友……」或是「我那個豬隊友……」之類的字眼。一開始，我也就這樣看過去，畢竟那是別人的老公，跟我的關係不大，但是漸漸地我發現這些文字好像會沉澱在我的腦海裡，對我的思考產生影響，進而改變我在現實生活中的言行舉止。

沒有神隊友或是豬隊友

我開始不時為身邊這位新手爸爸打分數，默默地將他與我讀到的「隊友們」比較，不是刻意的，但卻在不知不覺之間就發生了。

這個打分數，不是真的在評分，而是帶著保留的眼光看著，「喔，這件事做得還可以」、「喔，拜託那是怎樣啊？哪有這樣做事的？」然後我的內心在那些沒達到「我的」標準的時候，會很自動化地飄出一句抱怨：「吼，真的是豬隊友耶！」

此話就算沒說出口，但臉上的表情加上渾身散發的怨氣，想必不會讓人覺得溫柔可親，更遑論美麗。做比較，如果真的很客觀也就罷了，但讓我覺得可怕的是，不論是我或身旁的朋友，我們要找到隊友不好的地方，機會可比讚譽他們是神隊友的時候多太多了！原因很簡單，因為，這就是人性啊！看到我們不滿意的部分，遠比去計算祝福或表達感謝來得容易多了，尤其是在自己感到匱乏、疲憊的時候。其實，身旁的那個他，哪裡是什麼神或豬一般的存在呢？

他和你一樣，就是個平凡人

他，和你一樣，就是一個平凡的人。他有自己的優缺點，要經歷每天心情的高低起伏，有自己根深蒂固的一些個性，也有自己每天要面對的挑戰。簡言之，他不可能是完美的；反過來說，他也不可能一無是處。

為什麼我們會常常忍不住期待對方做個神隊友，或是忍不住一再舉證對方是豬隊友呢？會不會是因為我們也帶著很極端的眼光在看待自己，一下被自卑感挾持，在內心最深處認為自己無法做個夠好的母親，因此期待另一半來神救援？或者我們一下又被驕傲所俘虜，認為自己的方法才是最好的，看別人做的都不到位？

可想而知，這種不斷檢視對方，常常在判斷「我對你錯」或「你需要一直表現好，不可以讓我失望」的期待，對於夫妻關係以及將一切看在眼裡的孩子來說，其實是有不良影響的。

如果你也發現自己開始在心裡做這樣的事，可以怎麼調整才好呢？

停下來，覺察內心的聲音

第一步，往往是回到自己的心，靜下來問問自己：我怎麼了？我現在會看這個東西不順眼，是因為它打到了我內心的哪個標準或信念？我內心是否有個微小的聲音在吶喊些什麼？

舉例來說，A太太看到隊友做一件事內心冒出了一個OS：「做事可以更有效率吧？」那麼A太太可以先好奇地觀照自己：效率為什麼對我來說這麼重要？我是不是也一直督促自己過著很有效率的生活？並認為旁人都應該這樣才是對的？

另一個例子，B太太看到隊友一回家吃過飯就坐在沙發上滑手機，她內心OS：「他又來了！只會在那邊滑手機！他就是不在乎我們，只在乎自己！」再往內挖掘，B太太可能是期待對方可以主動幫忙，或是希望被多在乎一些，或是感到不公平……每一個人最在乎的點可能都不太一樣。

總之，先去看見、聽見自己內心深層的習慣或需要，不批判地、試著接納這個聲音，相信它是其來有自，這麼做往往也可以讓情緒先平穩下來。接著，我們再針對不同的情境採取不同的做法。A太太的例子裡，牽涉到習慣，我們可以試著練習拓展觀點；B太太的例子，牽涉到內在需求，我們則可以練習有更好的表達。

換個角度和觀點，邀請對方幫助你

當發現內在的聲音牽涉到習慣的做法或想法時，可以接著練習拓展自己的觀點，好多伴侶都有這樣的經驗：熱戀時的優點往往成為激情褪去後的缺點。這麼說來，或許也代表我們可以換個角度想：現在讓你受不了的缺點，也有它功能性的一面；而且，往往吸引我們的那個人，身上正好擁有我們不擅長的特質或能力。用得好，兩人真正成了彼此的好隊友，互相幫助、互相調節；用得不好，就成了彼此扯後腿、哪裡也去不了。

以上面的例子來說，我們可以試著鬆開自己原本的堅持，拓展觀點，看到對方的不夠有效率，或許正提醒了我，生活有時候可以慢下來，享受當下。趕趕趕，賠了心情，又傷感情，會是自己更想要的結果嗎？

有時候內在的聲音，反映出的是我們更深的核心需要，這時候不是去壓抑需要、說服自己忽略這些聲音，而是要練習承認和接受自己的感覺，有智慧地好好表達需要。

以Ｂ太太為例，腦海裡先冒出來的聲音常常是表面的訴求，但再往內挖掘，則會發現那個需要喘口氣、需要被在乎、被支持的內在需求，偏偏難就難在這個時候我們更容易覺得：「這還要我說嗎？他如果真的在乎我，就應該要先想到啊！」結果往往讓我們愈想愈氣，那個豬隊友的罵名也呼之欲出。

可是，事實上，每個人的成長經驗和大腦神經連結真的天差地遠，不太可能完全預測對方的思維與反應。對方不知道我們當下最需要的是什麼，其實也是很合理的，愈期待對方要先猜對、先做好，等於是跟自己過不去啊！

所以，最有效率的方式，不是兩個人持續上演比手畫腳猜猜看，愈演愈生氣，而是直截了當的，以對方比較可以理解和接受的方式，邀請對方為你做些事。

練習傳遞「我訊息」，調整雙方默契

「我訊息」就是這樣一種為自己發聲、具體提出自己的需要，不指責、不預設的表達方式，直接邀請對方：「你在忙嗎？我現在真的好需要休息一下，可否跟你換手請你幫忙顧小孩呢？」而不是：「你可不可以不要再滑手機了？我忙小孩一整天了，換你來弄啦！」可想而知，前者比較有可能喚來同一陣線的「隊友」；後者，則是喊來忙著自我防衛或回擊的敵人。

當然，上述的情境是經過簡化的，現實生活中，可能我們自己也累積了不少情緒，真的不容易一開始就用好的方式表達。但是沒關係，保持覺察、多加練習，第一次沒說好，深呼吸幾口氣，讓自己停下來、找機會修正所要講的話：「對不起，我收回剛剛的話，我真正想要說的是……」，這樣至少可以讓戰火不再蔓延，並且和隊友一次次透過溝通、調整而愈來愈有默契。

如果你試了好多次，卻發現內心已經傷痕累累，不知為何很難嘗試上述的做法；或者你已經盡力好好表達了，對方還是不理睬、不領情，那麼或許趁著彼此的恩怨情仇還沒有太複雜時，邀請客觀的專業人士幫忙，不是仲裁誰對誰錯，而是協助彼此聽懂對方、修補傷痕、重新提升合作意願。若能這樣，那麼彼此要成為「神默契」隊友，絕對充滿希望！

心靈保健室

「我訊息」，顧名思義，是指在與人溝通的過程中，發語詞免去認定、控訴的「你、你、你」，而在陳述的內容上，帶著自我尊重的態度來表達自己的意見和感受。同一時間，我訊息的溝通展現出來的，也是尊重對方的態度，因為溝通者不一口咬定對方必定是如何，而是透過表達、詢問，開放地邀請對方讓自己更認識他，進而達成共識。

「我訊息」的表達，內容包含「具體事件」、「自己對此事件的感受」以及「自己的期待」三要素，讓自己的想法和心情能充分傳達給對方知道，而當對方也能夠嘗試以同樣的方式回應自己的部分，而非反過來指責發話方，則溝通的雙方都能夠更認識彼此，也會感覺更加靠近。

你存「情」了嗎？

一門愛的投資學

戀愛時的浪漫總會在
婚後的日常慢慢被消磨掉，
怎麼樣能夠維持對彼此的愛意？
除了偶爾刻意安排的約會，
生活中為對方做的點點滴滴
是更重要的「愛情儲蓄」。

前陣子有機會參加了一個舉辦給已婚夫妻的營隊，主辦人邀請參與者事先將孩子的去處安排好，可以專心度過一個陪伴彼此、不受孩子干擾的週末，重新為夫妻關係加溫。

在一整天精心設計的課程中，我們試著放下生活中累積的感受，專注聆聽彼此、互相表達，一起回顧從相識至今，或許三年、五年，甚至十年的時光，兩人共同經歷了哪些難忘的回憶。傍晚，則由先生負責安排兩人的約會，重溫熱戀時光，持續認識對方。

兩人約會的驚喜，浪漫加溫

一天的活動結束，他先回到旅館房間，當我稍後進門時，映入眼簾的，是床邊一盆美麗的鮮花在燈光下閃爍著，而他則若無其事地站在小桌邊。

「好美喔，怎麼會有花？」我非常驚喜，同時也有點害羞。

「我訂的啊。」他輕描淡寫地說。

「你怎麼會想到要送我？一定很貴吧！」

「我想讓妳開心。」他走了過來，誠懇地看著我，認真地說。

「好漂亮！這是你挑的花材嗎？」

「我跟花店說妳喜歡的風格，請他們配的。」

我聽得心中暖烘烘的，但是也摻雜著一點不設防閃過的「好像有點浪費……」，這個不安，好像是覺得自己不配得到這個奢侈的浪漫，又好像還有一些說不清的什麼。他聽我說完這樣的感覺，只是再次篤定的告訴我：「就好好把這份感動留在心中。」

回歸日常卻感到失落

快樂的時光總是過得特別快，第二天的營隊也在感動又有趣的氣氛中結束，每一對伴侶分別回到自己的家中，也回到日常生活當中。

孩子接回來了，生活上細節的處理差異回來了。然後，超乎想像的快，阿雜感以及對彼此的煩躁也回來了。

一路捧著的美麗鮮花，是也回來了沒錯，但是，隨著時間過去，它也開始枯萎、凋零。即便我愛惜地按照說明書殷勤澆水，想要讓這份美好持久一些，反而導致太多水累積在盒內，使得花莖發霉、腐爛，水分無法供應至花柄。這真是個讓人不忍卒睹的過程，閃耀的優雅漸漸凋零，昂揚的活力終於垂頭喪氣，兩天好不容易重新營造的正向情感與愛的感覺，似乎因為對彼此的期望一下又拉得太高，反而在生活中不時感受到落差。

南瓜馬車的魔法離開了，再加上生活中不時引爆地雷的小搗蛋，我們好像又從王子公主變回了灰頭土臉的灰姑娘與灰先生。

高報酬通常伴隨著風險

最終，當我帶著抗拒和哀傷收拾著殘花敗絮時，一個念頭突然降臨：是吧，這就是生命的必然，這就是現實。或許這也是為什麼，我收到花時，同時感受到一股說不清的隱憂。

有綻放的青春，也有遲暮的衰老；有短暫的快樂與享受，也有漫長的日常與磨合。生活中大手筆的浪漫，在感情帳戶中，就像高報酬的投資標的，往往也帶著高風險——因為這樣的好康不會常常有。而人性自然地會對這樣的「無法再現」感到失望甚至怨懟，更別提日常生活中，還是有難以避免的固定開支隨時在流失著。當久久一次的大量補水終於降臨時，可能已經無力挽回長久乾涸帶來的傷害。

相對於此，另一種投資方式，也許就是細水長流的豬公撲滿存錢法，在生活的時時刻刻中，投入不起眼的小額存款，驀然回首，才發現已經積累了一筆可觀的財富。

日常的愛情儲蓄

這些很容易就被我們忽略價值的「小零錢」，也許就像那個週日的晚上，因為知道先生隔天一早要出門開會，所以在孩子半夜哭鬧時，秒速跳起安撫，以免他的睡眠被打擾。也許就像週一傍晚，先生下班回家，看到我兩手同時準備三道菜，還要忙著叫孩子先別來抱我的腿，便主動吆喝孩子去旁邊一起讀繪本；晚飯後，還將自己的喜好放在一旁，讓我先選想要洗碗還是洗孩子。

其他的日常儲蓄還可能有很多：自發的為另一半按摩，舒緩疲勞；記得對方的需要與愛好，看到他愛吃的，特地為他帶一份；看見對方的付出，並願意表達出來，不視為理所當然；管住自己的嘴巴，不輕易說出沒有建設性的怨言；在產生摩擦時，選擇相信對方的善意，盡力好好溝通；以行動支持對方追求夢想，並成為他自己。

當然啦，偶爾來筆大額的存款對關係一定也有幫助，不過，我們也不要忽視了這些日常的儲蓄。他們或許不如艷麗的切花那般燦爛奪目，但是卻像播下一顆屬於你們的種子，在每天每天齊心的澆灌與施肥下，逐漸茁壯成生生不息的一方涼蔭。

心靈保健室

日常生活中有很多表達愛的方式，美國著名婚姻治療師蓋瑞·巧門（Gary Chapman）歸納出五種表達愛的方式，分別是：肯定的言語（Words of Affirmation）、服務的行動（Acts of Service）、真心的禮物（Receiving Gifts）、精心的時刻（Quality Time）、身體的接觸（Physical Tcuch），有興趣的話，不妨搜尋「愛之語」的線上測驗和介紹，了解一下自己和對方的愛之語是什麼，來場為彼此量身打造的約會吧！

生命的模擬考

最後想和另一半說的話

在關係甜蜜時，我們會說，
我要用一輩子的時間來愛你。
我們以為一輩子很長，
可是，誰真的知道能有多長呢？
平常就練習和另一半說說心裡的話。

在上一篇提到的伴侶營隊，還有一件值得一提的事情。

第二天早晨，當我們悠哉地轉開久違的電影台，想要看看有什麼影片時，《最美的安排》(Collateral Beauty) 這部由威爾史密斯、凱特溫絲蕾等影星聯手演出的電影立刻吸引了我的目光。

故事描述至親的死亡讓主角過著槁木死灰的人生，後來又經歷了一些充滿曲折的過程，而得以重新擁抱生命。電影中有個有趣的設定，是讓「愛」、「死亡」與「時間」三個元素以真人方式現身與主角互動，鼓勵主角與之對話，而主角也真的在悲憤中與他們激烈地辯論，交織出許多有些超現實、卻又饒富深意的金句。

生命的最後一天，你要跟對方說的話

正在我們看得目不轉睛的時候，一個紙袋突然從房間的門縫底下被推了進來，打開一看，竟是主辦單位安排的「隱藏版任務」！

打開紙袋，裡面是兩個裝著空白信紙的信封，邀請我們寫下：「如果今天就是你生命的最後一天，你想要跟對方說些什麼？」

原來，主辦營隊的夫妻 Peter & Amber 在今年初經歷了生死關頭——先生因遺傳性心肌梗塞半夜倒下，在太太緊急施行心肺復甦術下，仍然停止呼吸心跳長達三十多分鐘。

太太、兩個年幼的孩子以及他們身旁的親友，無不因死亡如此靠近地閃現而心生顫動，所幸後來 Peter 奇蹟似地甦醒，在家人的陪伴以及許多親友的禱告下，熬過辛苦的加護病房階段，並且在復健後逐漸恢復健康。

模擬遺書讓彼此有機會坦承面對

事發之前，他們已經在籌辦這個營隊，想當然耳，一切因為意外突然發生而暫時停擺。當先生的病情逐漸穩定下來，兩人從餘悸之中逐漸憶起在事發前幾個月，先生曾在選修課程的要求下寫了「模擬遺書」——這份作業還需要請身邊的人寫下對自己的真實認識，太太也因此有機會對先生訴說一些真實的、平常沒機會說的話。

當然，他們當時都沒想到，那些話差點真的變成了「最後的話」。他們形容那樣的過程就像是從模擬考和陪考，突然被點名正式上陣考試一樣，雖然還是感覺措手不及，但是先前的預演，絕對為他們帶來了一些幫助。

正因為這樣，當他們重新開始籌備營隊時，這個橋段也成了他們心中的重頭戲，希望邀請參與的夫妻們想想要給對方的、最後的話。他們叮嚀：不用因為是最後的話，所以只表達讚美，請寫下對對方最真實的認識，以及想要留給對方的話語，道謝、道歉、道愛。

見過最真實的彼此，更加珍貴

思索著怎樣下筆時，我不禁想到，婚姻的寶貴之處，就在於拿掉了一開始華美的紅毯與白紗之後，我見過你最真實黑暗的樣子，你也見過我無所遮掩的脆弱。因為這樣，當熱戀的氛圍過去，當衝突的烏雲消散，我們仍在一起，扶持著彼此，那才更教人珍惜。

我開始細細地書寫著我所體會到另一半的潛力與恩賜，也坦白地表達哪些差異真的讓我們的關係不時產生摩擦。然後，心思一轉，我想到，如果自己不在了，要請他繼續好好陪著我們的孩子長大，養育她成為一個怎樣的大人。

「你會在她的眼中看到我」我最後這麼寫著。當我輕揉眼中的霧氣時，回頭望著坐在另一角書寫的他，也在偷偷擦著眼角。我們很有默契地沒有說話，細細感受著內心的餘波盪漾。

到了課程中彼此讀信的時間，每一對夫妻都又哭又笑，而我們，還驚訝地發現，兩人最後留給對方的叮嚀好像！那是一個不長的時段，卻感覺時間好像暫停在彼此分享完之後的擁抱中。

愛、時間、死亡，提醒我們珍惜身邊的人

電影中，「時間」自述他是一份禮物（the present），每個人同樣擁有今天，任你運用。

「死亡」則是無法撼動地矗立在終點，讓人們得以更真切的體會到時間的有限與寶貴。

而「愛」啊，愛卻得以突破時間與死亡的限制，儘管很多時候它也被死亡與時間所拉扯著，卻不致斷裂。

印象最深刻的是，當主角泣訴「愛」背叛了他時，「愛」這樣回答：「我並沒有離開，我不只存在於你們相處的美好時光之中，也存在於你現在思念的痛苦當中。也許當你看清了這一點，你也將重新活著。」是啊，失去與痛苦，不代表愛不在了，相反的，正是因為愛，所以才痛。

課程中主辦單位用心預備的橋段，加上恰好能完整看完這部電影的巧合，讓我們感覺自己也經歷了一次模擬考。但願我們深深記得，並且常常複習所學到的這一課，更別忘了，在還能讓對方感受到愛的時候，好好地珍惜、享受。

心靈保健室

電影《最美的安排》敘述曾經熱愛生命、傑出而且創意無限的廣告人霍華，在痛失至親後，變得厭世、與世隔絕，他的同事們不斷嘗試與他溝通，卻都無法得到他的回應。在偶然的機會下，他們發現霍華開始寫信，但卻不是寫給任何人，而是分別寫給「時間」、「愛」與「死亡」，霍華相信這三個元素連結了世上每一個人。得知霍華試著探索宇宙尋找答案，他的同事們想出一個極端的方法，要在他失去一切之前喚醒他，以一種令人驚訝又深具人性的方式，幫助他勇敢面對人生。

當爸媽在孩子面前起衝突

父母親的互動影響小孩的身心反應

夫妻之間難免吵架，
但如果是發生在孩子面前，
影響的可就不是只有夫妻關係，
還會造成孩子心理的恐懼。
時時提醒彼此，
避免在孩子面前起衝突，
或者也要能夠盡快和好。

香港大學的家族治療大師李維榕博士曾經做過一系列研究，她邀請自願接受研究的夫妻，在兒女面前談論一個雙方尚未具有共識的話題，然後讓孩子坐在房間的另一端聆聽，身上連接著各種能夠捕捉生理反應的測量儀器，捕捉孩子包括心跳、手汗、脈搏、肌肉收縮等項目的變化，希望能夠了解究竟父母親哪些矛盾內容或互動對孩子的影響最大。

研究結果顯示，在父母開始產生爭執時，孩子的手汗、心跳、血壓都不斷增加，但是當父母親突然戛然而止，兩個人發現再也講不下去、不想再講了，這些數值卻不是下降回穩，反而一下子飆到最高。原因是，這樣的現象會讓他們以為，他們內心最深的恐懼實現了——爸爸和媽媽是否要放棄彼此？

父母起衝突，孩子能敏銳察覺

某一個週末，我和先生因為生活瑣事在出門前產生了磨擦，孩子的反應，即便沒有接上儀器，也清清楚楚地讓我看到父母關係對孩子的影響。當時，因為準備出門，孩子已經坐在推車上等待，卻看見爸爸和媽媽站在她車子的兩側後方，透過話語在她的頭上交鋒。

我不會說那是唇槍舌戰，因為我們並沒有真的吵起來，但是被指責了的我，覺得既煩躁又不甘心，於是為自己反駁了回去，這使得先生更加不高興，認為自己明明言之有理，我還不當一回事。兩個人當下想必臉都垮了下來，也都覺得「你又來了」，於是周遭空氣迅速凍結，我們也都懶得再跟對方多說。

之前正好學習過父母的感情關係如何影響孩子，所以當我撥出一部分注意力，轉到坐在車上的孩子時，我嚇了一大跳！原本開心、輕鬆地抓著嬰兒車前方扶手期待出發的她，臉上快速閃過困惑、擔憂，最後是深深的沮喪。她往後靠向椅背，頭轉一側，用力閉緊眼睛，然後自己伸手把嬰兒車的遮陽罩拉下來，彷彿要隔絕蔓延在爸媽中間的烏煙瘴氣，又或是暫時不想看到我們變醜的臉。

這個我從不曾見過的舉動使我擔心起她小小的內心世界。我輕輕拉開遮陽罩，告訴她：「爸爸媽媽只是有點不開心，不是因為妳，妳不要擔心，沒事的。」她看了我一眼，眼神裡寫著：「沒有說服力！」然後，又自己縮回嬰兒車裡，並伸手把罩子蓋起來。

我看著這一切發生在眼前，內心衝擊很大。這時我的內心一方面在消化自己的心情，另一方面也不希望先生更加生氣，再加上對孩子的擔心，一顆心被情緒拉得四分五裂。此時，我只知道，我想要選擇讓傷害降到最低的方法。

在孩子面前和好，建立良好身教

先生帶著孩子先在門口穿鞋，我在門內努力試著穩定自己的情緒、深呼吸了好幾次，同時一邊完成先生先前不開心我沒做的事。我不確定，但或許，對我和先生，尤其是孩子來說，那短短的幾分鐘彷彿過了好久好久。

終於我也出門與他們會合，好不容易放慢了的呼吸，卻在注意到孩子的舉動時，又忍不住加快。她這時已經拉開罩子、探頭出來，或許是擔心著我怎麼那麼久都沒出來，想觀察我們現在狀況如何吧！

進入電梯後，我對先生說：「我收到你剛剛要表達的了，我以後會注意。我們和好吧。」先生在嬰兒車後方伸出手，我握住了，並且站過去輕輕靠著他。孩子背對著我們，但她透過電梯的鏡子，仔細地看著這一切。

說時遲、那時快，她嚴肅的臉上綻開了笑靨，並且很誇張地兩手上舉，喊了聲「耶！」我和先生有些哭笑不得，但心底也有更多的輕鬆，雖然我們都知道，事後還是要再撥一點時間，在沒有孩子在身旁的時候，細細談談彼此剛剛的感受和對未來做法的共識。

夫妻之間很難沒有摩擦、沒有衝突，重點不是要維持表面的和平，或是在孩子面前隱藏情緒。因為孩子往往比我們想像的更加敏銳、更會對曖昧不明的互動腦補各種恐怖情節。如何和好、如何進行有建設性的溝通，這才是更值得父母們努力的方向，也更能為孩子們帶來貼近真實關係的良好身教。

心靈保健室

有些夫妻因為知道在孩子面前發生衝突會對孩子造成不良影響，所以會發揮強大「忍」功，在孩子面前彷彿一切如常，私底下卻相敬如「冰」，心理學上的研究相信，孩子的潛意識還是可以感覺到不對勁，但因為沒有明確的線索，反而可能對於婚姻關係產生更多困惑，以為愛情就是這樣冷冰冰的，或是反過來，可能被熱烈瘋狂追求自己的人所吸引，進而影響到將來的情感關係發展。

衷心鼓勵覺得在伴侶關係中卡住的爸爸媽媽，優先尋求專業諮商與伴侶一起化解關係中的矛盾，讓彼此成為真正可以一起攜手的最佳隊友。

隊友出妙招，玩破闖遊戲

提升孩子面對挑戰的內在動機

孩子在成長的路上，
需要學習動機來讓他通過
一次又一次的挑戰。
不妨設計一些小遊戲，
透過闖關成功得到獎勵的方式，
提高孩子的興趣，
也讓他知道自己是能做到的。

一個趕工的週末上午，我拜託老公將孩子帶出去公園放電，好讓我可以專心預備下午的簡報。心想先前拿到的滑步車正好這時可以派上用場，讓老公和孩子有些新鮮事好做，便興高采烈地送他們出門。

過了大概兩個小時，老公帶著頭髮濕漉漉、小臉紅撲撲的孩子回來了，工作也告一段落的我興奮地問道：「回來啦？怎麼樣，玩得開心嗎？」

小妞元氣十足地大喊：「開心！」

老公則是面色神祕地跟我說：「我剛有一些心得和發現，再找機會跟妳說。」這麼神祕？到底是什麼心得呢？我的好奇心被大大地挑動了起來。

以下，是我聽老公分享的馴獸（喔，不是，是激發孩子內在動機）的心得。

玩破關遊戲，提升孩子的自信

一開始，孩子因為不太會用龍頭控制方向，加上重心不穩，東倒西歪，所以很挫折。好勝心強的她很快就想放棄，說自己「不想玩了」。

老公一開始因為急著想教會她，邊扶著她的手推她往前，邊說：「妳看就這樣啊，一點都不難啊！」沒想到，她反而變得更抗拒。或許她內心正OS：「對我來說很難，爸爸你不懂啦！」

後來老公靈機一動，想到之前在 Youtube 看到提升意志力的方法，就跟她說，那我們來玩破關遊戲。她聽了有點困惑但又有點期待，不知道要玩什麼，老公接著說：「有五關喔，如果都過關了，就會得到一張星星貼紙！」她原本急著想要離開滑步車，這時慢慢靜下來準備聽老公說話。

老公看著她，往後退了一些，退到距離她約兩步的距離。「第一關，就是妳用滑步車滑到我這邊。」她興奮地點頭，快步滑到老公那裡。

接著老公又退後了四步，她又輕易地滑了過來，接著又退後六步，她也咚咚咚咚地跟了上來。這次，老公退到更遠，並且站到她的斜對面，難度增加了！

她起初面露難色，於是老公跟她說：「妳一開始說不會，但剛剛是不是已經破三關了嗎？」

她歪著頭想了想，又往老公這邊滑過來。過程中老公告訴她龍頭要怎麼轉才能控制方向，她也做到了！到最後的第五關，老公跟她的距離應該有十步之遙，她也成功達成目標，露出為自己感到驕傲的神情，邊和老公 High Five，邊喊著：「好棒喔！」

五大要點驅動孩子面對挑戰

如果將老公所用的小心機一一列出，大概可以分成以下五點：

一、將任務切成小段：小段落的工作比起大的目標，更能增加嘗試的動機。

二、持續增加信心：在破關的過程中，持續幫助她看到自己的成果，讓她增加信心。信心程度愈高的人，繼續挑戰的意願愈高。

三、有限觀點轉為成長觀點：回顧過程，幫助她清楚知覺，自己的能力是可以透過練習擴張的，而不是有限、會用盡的。

四、自我認同（自我內言）：告訴自己（孩子小時，由大人告訴他）：「我是正在學習的、願意嘗試的」；而非：「我沒有運動細胞、我不會／我不想試。」

五、設定願景：與她一起描繪達到目標的獎賞，可以是有形的，也可以是無形的，此處以她最近很愛的星星貼紙做為目標，鼓勵她心懷前方的願景，而非眼前的困難。

感謝隊友助攻，攻克小孩心魔

聽完老公的經驗與心得，真想起立鼓掌。「好厲害啊！沒想到你也是教育心理專家！這種從對人心的了解發展出的訓練方法實在太高竿啦！你怎麼會的？」我由衷地讚嘆著。（姊妹們，這種時候別忘了要大力、毫無保留地表達對隊友的肯定！）

「是沒那麼誇張啦！只是平常妳看我好像在滑手機，其實，我也是有在長知識的。」他邊說邊回了我一個「瞭嗎？」的表情。

好吧，老公，能夠將網路影片學以致用，並且一起在育兒路上攻克小孩的心魔，那我就歡迎你「偶爾」還是可以看你想看的影片啦！

心靈保健室

有人說「遊戲是孩子的工作」，意思是說，孩子在成長的過程中，透過遊戲來學習、成長乃至建構自我。除了本文中，將對孩子來說困難的挑戰透過遊戲方式增加他嘗試的動機之外，遊戲也可以提供孩子釋放情緒的出口，或是將內在的想法展現出來。透過遊戲，大人也在與孩子保持連結的過程中，提供示範或回饋，以隱喻的方式回答孩子心中的困惑，或是以幽默、輕鬆來卸除孩子的焦慮。若對這主題有興趣，可以進一步參考《遊戲力：陪孩子一起玩出學習的熱情與自信》（遠流出版）。

讓小三歸位

小小孩父親的重要角色

當孩子對身為主要照顧者的媽媽
太過依賴的時候，
會比較黏媽媽，
這時候可以讓「第三者」
爸爸登場接手安撫的角色，
幫助孩子建立其他依附關係，
逐步預備獨立的能力。

「真的不知道為什麼，他對我就不會這樣……」爸爸在安撫完哭鬧的孩子之後，轉身對媽媽這樣說。若是其他親友說出這樣的話，已經會讓身為主要照顧者的媽媽內心翻騰，如果這話是出自親密隊友之口，那麼話鋒之後，可能還會傳來一股煙硝味！

其實，這句話或許還真說得沒錯。有些時候，爸爸們的確擁有獨特的利基，可以扮演母子雙人舞之外的重要角色。

在實務現場，常會看到伴侶間為了育兒管教誰做得比較對、誰做牛做馬卻被嫌棄等事情產生嫌隙。這樣的挑戰，在孩子漸漸進入叛逆兩歲之際，往往更加白熱化，我們一家三口也發生了一個有趣的故事。

小孩瘋狂黏人，難以入睡

在我們家，孩子早在一歲前就建立起習慣，睡前儀式後，她能夠接受自己在小床上滾滾後入睡。但是因為一個難得的小旅行，全家人好幾天一起在大床上過夜，沒想到假期結束回到家後，小孩變得瘋狂黏人，不願意一個人回到嬰兒床上睡。

每次睡覺前，她總是黏著媽媽，透過各種方式抗拒一個人被留在房間。

「媽媽陪陪！」

「媽媽坐這邊！」

「媽媽抱抱！」

從撒嬌到哭喊，分貝愈來愈放大、態度愈來愈急切。說好安靜下來抱一下，然後自己躺好，但是抱完放下後，她又繼續大哭大鬧，每晚總要這樣來來回回好幾次，搞得大家氣噗噗。有時候我看她終於放電殆盡，看起來已經睡著了，誰知當我躡手躡腳要走出去時，她不知藏在哪的雷達總會讓她立馬轉頭看我，然後又是大哭著要我留下。

為娘的常常捱不過她的央求，不想狠心地當著她的面轉頭離開，於是我常答應說我會再留一會兒，以為只要再等一下她便會睡著，誰知她接下來每隔幾分鐘就轉過來確認我是否還在，反而比先前更不安、更清醒、更難入睡。

爸爸接手，瞬間安撫小孩

先生以往會趁我陪小孩睡覺的時間趕快去盥洗或處理雜事，但最近他在外面聽著歹戲拖棚、哭聲震天，大概是看不下去了，一腳踏入小孩房，表示自己要接管大局。

只見他跟孩子說：「好了，爸爸陪妳，媽媽要去上廁所。」然後就使個眼色，要我趕快離開房間。

我一方面雖然慶幸可以得救，但一方面也捨不得哭得肝腸寸斷的孩子，真怕先生要使出鏗鏘如鐵的決心，讓孩子大哭到睡著，但是轉念一想，既然我來弄時，孩子一樣哭得悽悽慘慘，還是另請高明試試看吧！

誰知道，我才踏著躊躇的步伐出去沒多久，哭聲竟然停了，再過沒幾分鐘，先生帶著自豪的神色出來，說他只叫孩子乖乖躺好，跟她說：「爸爸陪妳一下，然後妳就要自己睡囉！」她就自己乖乖躺好、抱著安撫娃娃睡了。

「真的？她沒有轉頭一直看你？」、「她沒有要你多留一下？」我接連問了好幾個問題，因為實在難以置信有這麼好的事！

先生連搖了好幾個頭，然後用緩緩的語氣說：「真的不知道為什麼，她對我就不會這樣……」

晴天霹靂！「她對我就不會這樣……」這句話是什麼意思？

媽媽我內心百轉千迴，一部分是對先生此話的分析：這個淡淡的暗示是在說我辦事不力？是在說我對孩子太心軟、不夠有原則，所以小孩騎到我頭上？（畢竟他也真的這樣跟我討論過）但是先生的語氣感覺並沒有在下戰書，夜深了，大家忙一天也都累了，還是不要過度反應好了。

有一部分是對孩子的哀怨：我那麼捨不得妳傷心難過，盡量滿足妳的需要，希望贏得妳的合作，妳怎麼這樣對媽媽？這就是所謂柿子挑軟的吃嗎？這樣的念頭一出，通常接下來很容易演變成媽媽對孩子的挾怨報復，或是對自己的自怨自艾，嗯……都不是很健康的發展。

無論如何，事實勝於雄辯，爸爸的「擺平」績效擺在眼前，我也只能默默收拾自己碎了一地的玻璃心和困惑謎團，結束這個回合。

爸爸的魔力來源

隔天晚上、後天晚上、大後天晚上……接下來，大受激勵的爸爸，每天都自願接掌這個擺平小怪獸的重要任務。孩子也漸漸地從以前的哭著要媽媽，轉變到竟然可以開心地在爸爸懷裡跟我說晚安，然後讓爸爸抱去房間，幾分鐘後全家就天下太平，兩人時光終於登場！

說真的，這樣的劇情發展讓我開心極了！我不只看到孩子可以有寧靜喜悅的睡眠，也很高興她和爸爸可以享有這樣甜蜜的獨特時光。而我呢，更是摩拳擦掌準備交棒，放下一天的勞心勞力，暫時做回我自己。

不過，這夢幻的演變到底怎麼發生的？我們也都非常好奇。直到有天，我在準備工作的書上看到下面這段內容：「傳統家庭裡，小孩子的脾氣常常發在媽媽身上而不常發在爸爸身上，可能的原因是，被過去的共生夥伴拒絕總是比較讓人受傷，父親有時會誤以為這表示自己比太太會照顧小孩，這種誤解有可能導致父母親之間的爭吵。」

白話文解釋就是，因為一開始媽媽和孩子是從身到心密切相連的，所以當孩子要發展獨立性，或是媽媽需要重新拉開距離時，孩子較容易為此不開心。相較之下，和爸爸的關係因為像張白紙，所以比較沒有什麼舊包袱，可以輕易展開新局。

書中進一步寫到，當小寶寶還在最初幾個月與母親共生的階段，父親雖也可以分享母子之間的親密，不過到了和解期（孩子十六～二十四個月大時），父親的角色會更進一步轉變成母子關係之外獨特的第三人，而這個特別的位置，可以幫助母親和孩子從自主與控制的掙扎中跳脫出來，協助兩人健康的分離。

如何發揮爸爸的魔力

先生在家中的角色，除了是父親，更需要先是妻子的伴侶。在孩子一到兩歲之際、媽媽大量耗損心神的時期，先生更適合扮演那個「呵護妻子，讓妻子依靠、傾訴，感覺到自己的辛苦有被珍惜被看見」的守護者。夫妻倆需要先有共識，優先照顧好彼此是伴侶的角色，才能夠進一步談如何合作育兒。

在合作育兒的部分，以下也提供一些重要原則作為參考：

一、接受夫妻兩人面對孩子時的直覺反應和行事風格是很難相同的，因為很多時候夫妻兩人一開始可能正是因為對方與自己的互補而被吸引。

二、兩人要能夠有良好的溝通習慣，針對育兒作法取得原則共識，避免在孩子面前互相指責、爭權，這對孩子絕對有不好的影響。

三、一般以母親為主要照顧者的情況下，媽媽要練習適時讓位、爸爸要練習主動接手，讓孩子在母親之外，也有機會跟父親建立起重要的依附關係。

當兩口之家變成三口之家，誰會是那個第三者？一開始或許有段時間父親會是母嬰關係的第三者，但如果能隨著孩子的發展，重新穩固夫妻的伴侶關係，這樣的家，才能讓孩子回到孩子的位置，避免養出媽寶或小霸王，這才是孩子之福！

心靈保健室

文中提到的書籍為《人我之間：客體關係理論與實務》（心靈工坊出版），全書共分為五部分，一開始介紹「自體」、「客體」，以及「自我」的形成；第二部分介紹人類心智發展四大階段，以及各種心理機轉；接著第三、第四部分從客體關係概念來探討一些精神病理的症狀；最後，則延伸討論客體關係運用在哲學宗教等文化層面的可能性。這是本初學者可能需要慢慢閱讀，專業工作者也可以從中持續獲得啟發的經典好書。

男人為何迴避溝通？

兩性左右腦的連結不同

夫妻發生衝突的時候，
先生靜默不語、太太急於對話，
其實雙方都各有理由。
兩性大腦運作的差異，
形成處理衝突的方式不同，
夫妻可以在平時就先溝通彼此的想法。

一坐下來，才問她：「最近好嗎？」玉珊（化名）邊搖著頭，眼淚便充滿眼眶。

「我真的受夠了，他總是這樣！平常我們可以聊天、分享，可是每當發生衝突，他就會進入一種非常決絕的狀態，一聲不吭地離開現場，好像自己躲進洞穴裡一樣。我跟他說了我心裡有多受傷以及我需要他怎麼做，可是他卻毫無反應，好像一點都不在乎！」

「他什麼都沒說就離開，真的讓妳很傷心。這種時候妳怎麼辦呢？」我問。

「我真的很不喜歡冷戰，所以我寧可先低頭和好，只要他把感受說出來，可是他不是一直看手機，就是關在書房裡一直用電腦，繼續叫他，他頂多抬頭說什麼：『現在真的沒辦法。妳先不要煩我。』我真的無法理解，到底是哪裡沒辦法？把話講出來有這麼難嗎？更過份的是，這樣的時刻，他就完全退到自己的世界裡，可是小孩、家務還是要有人顧啊，我就只好撿過來做，不然怎麼辦？可是，為什麼我就要活該承受這些？」

聽著個案邊說邊激動起來，我的心裡也有些什麼被牽動了。這樣的場景，在我的朋友圈，乃至我自己的小家庭中也出現過好幾回啊！

男女內心世界大不同

雖然不是絕對，但是很多時候，似乎男性更容易在衝突過後需要先進入自己的「洞穴」靜一靜，時間或長或短。在那樣的時刻裡，他們看起來可能是比較冷漠或是沒有反應的，這也更使得女性急著想了解對方的內心狀態，希望對方把感受想法講清楚，重新恢復關係的連結。一方逼得愈緊、一方逃得愈兇，兩個人內心同樣充滿了不被理解和接納的感受。

其實，這樣的現象與兩性大腦的運作差異有很大的關係。

根據腦科學研究，兩性左右腦連結以及各腦區發達的情況不同，男性的腦較擅長一次處理一件事，對於偵測感受並進一步以語言加以描述，需要較女性長的處理時間。也因此，他們較不習慣透過對話的過程來整理和捕捉思緒。相對的，女性則左右腦連結較強，可以同時多工處理，因此對於上述任務的處理速度較快。加上女性對於語言和關係的敏感度較高，她們常常能夠透過說話，一邊聊一邊整理和抒發自己的想法和結論。

桑蒂・菲德翰在她的著作《女性限定：你需要了解的男性內心世界》提到她曾

做過一項全國性調查，嘗試了解當伴侶發生口角時，女性想談談，男性卻不想談的原因。百分之七十一的男性勾選了「因為我不想在盛怒下說出事後會懊悔的話」；百分之四十八的男性選了「因為我還不清楚自己在想什麼／無法明確表達」；百分之五十一選了「因為當下談論我們的爭執，並不會得出解答」。（因為可選擇一個以上的答案，所以百分比總和超過一百。）

當我讀到這些內容，發現原來我先生的沒有回應，不是因為他不在乎我的感受，或是不想面對事情，反而是他不希望在當下因為強烈混亂的情緒而傷了我，所以才選擇忍耐、離場，等彼此比較平靜了以後，再重新對話。

這讓我多麼驚訝啊！可是，我心中還是有一個不平的聲音想要抗議和發問：「很多時候，他看起來並沒有在認真整理自己的感受啊！他只是坐在電視機前不斷轉換電視台，或是滑手機！難道，這些有幫助嗎？」

平時就培養夫妻默契

桑蒂．菲德翰在書中接著寫道，原來，男性除了需要在談論前先深入整理思緒之外，他們也需要心理空間卸除當天腦袋中運轉的許多資料，之後才能接受新的輸入。

許多受訪者形容一天工作下來，大腦好像某種容器塞滿了各種東西，回到家後，他們真的無法再聽進太太拋出的感受或討論，除非先做些不用大腦的事情，才能快速移出某些空間、再裝入新的內容。

這些描述並不是單方面要說服女性體諒男性，但從實務經驗上會發現，當伴侶中有任一方能對對方行為反應背後的原因多些了解，對於後續的溝通以及合作將帶來加分的效果。

同樣地，如果男性可以體會到女性一直催促自己「出來面對」，是起因於對關係的在乎以及需要透過語言交談來修復關係，而因此能夠帶著同理的角度分享自己的需要，約定稍後對話的時間，相信能夠有機會化危機為轉機，讓小衝突的發生為關係帶來更多建設性的討論。

最後提供幾個伴侶在「承平時期」可以養成的小默契，幫助兩人在任一方需要進入洞穴時，可以較好地安頓彼此的不適。

一、理解、認識彼此的差異，分享在衝突狀態下自己常有的感受與需要。

二、在這樣的狀況下，有沒有什麼彼此都可以接受的方法，讓雙方安心一點。例如，衝突時男性需要時間空間、女性需要連結，女性可以提議對方透過什麼小行動讓自己知道愛並沒有離開。

三、約定重啟對話的時間。建立共識盡可能不超過多久時間不互動；或是每次分開前由男性給出承諾「我何時再回來跟妳談」。

雖然我也從自己的經驗中學習到，衝突當下因為受到情緒影響，不一定每次都能做到說好的共識，但是雙方盡力遵守，並且帶著對關係的珍惜，不要輕易任憑血氣之勇傷害自己和對方，在心裡舒服一點之後，試著重新回想對方的好，再次嘗試對話，這樣一來，相信關係縱有摩擦，卻也能夠越吵默契越佳，而夫妻之情，不也就在這些日常的磨合中，變得更加豐厚嗎？

心靈保健室

這篇主要從性別差異的角度出發，來探討為何蠻多男生在關係衝突時常常表現得像個悶葫蘆，但是除了這樣的原因之外，其實也還有很多可能性，例如個性、成長背景，或是伴侶關係中幾次下來累積出的互動模式等。倘若在雙方多次嘗試重啟對話仍然感覺溝通沒有進展的話，不妨邀請客觀的共同朋友充當兩人間的即席翻譯，或是尋求伴侶諮商專家的協助，趁著問題還小時著手改變，相信會為關係的改善帶來很好的效果！

Chapter 5

從文本、戲劇
看家庭與人生

《俗女養成記》回歸最真誠的初心

做自己只能二選一？跳脫二元思維

人的一生當中總會面臨
很多需要做決定的時刻，
不只是對自己，
也會發生在父母對孩子的期望上，
除了尊重孩子是獨立的個體，
也不妨先跳脫二選一的答案。

前陣子造成話題的台劇《俗女養成記》中，飾演童年陳嘉玲的演員將她古靈精怪又伶牙俐齒的模樣詮釋得維妙維肖，我一邊看劇，一邊彷彿也看到自己的女兒將來長大後與大人們的「過招」，有時候好像可以被大人「哄騙」，有時候又暗中反將大人一軍，心中不時充滿好笑又有一點擔心的感覺。

沒有人可以為你的選擇承擔後果

劇中有一段讓我特別印象深刻。

有天，阿嬤在中午便當為嘉玲放入自己捨不得丟掉的鹹魚，過重的氣味引得全班同學紛紛走避；下了課回家，小嘉玲一口咬下點心，竟然發現蟑螂蛋，媽媽礙於朋友顏面，只好使眼色要她不動聲色，別大聲嚷嚷。

順著劇情發展，觀眾不禁覺得小嘉玲怎麼那麼倒楣，照大人的吩咐把東西吃下去，鬧肚子時還被念：「長大了要自己判斷，不要大人叫妳吃什麼就傻傻吃什麼。」

不約而同說出類似話語的阿嬤和媽媽，神情都流露出一點「我害了孩子」的罪惡感，以及急忙要當事人也負起責任的自我防衛。正因為給建議的人心情如此矛盾，當他們聽到還有其他可能的腹痛原因時，內心都稍稍竊喜了一下。

後來觀眾才知道，人小鬼大的嘉玲並沒有那麼「聽話」，她早已暗中將這些食物不動聲色地處理掉了。

有意思的是，身為成年人的爸爸，被母親和太太一說，終究放棄打電話確認藥單，而僅是嘗了嘗讓他不放心的中藥，便端給小嘉玲喝，結果搞得自己半夜也腹痛就醫。更慘的是，事後他還被老媽數落：「長那麼大了還不會自己判斷，叫他不做就不做嗎？難道叫他不要呼吸，他就不呼吸嗎？」

聽著當初頤指氣使的人事後說著卸責的話，身為旁觀者的我們也不禁感到氣憤！但追根究柢，這些話也有部分道理：每個人還是必須為自己的選擇和行為負責，難道你能一輩子怪那些給你建議的人嗎？他們再怎麼親，仍舊是你生命的配角，不是主角。每個人，終究得為自己的選擇承擔後果。

做與不做，終究是自我的課題

小小年紀的嘉玲，後來終於告訴爸爸自己的祕密：她根本沒有吃那些東西，也沒有喝下爸爸給的中藥。她會肚子痛，是因為自己在外面貪嘴吃了愛吃的東西。

成年的嘉玲說：「做一個聰明的孩子，也是要有撇步的……有時候你要算好時機瞞天過海，有時候你需要狠心辜負親愛家人的愛心……To be or not to be? It's a big question.」

編劇巧妙地以這段往事呼應長大後的她同樣選擇忠於自己，不惜挑戰社會主流價值。出社會後有段時間一直努力符合眾人期待的嘉玲終於決定：感覺不對的關係，不勉強自己做出一生的承諾；不被珍惜的工作，不勉強自己繼續委曲求全。

當然，這樣的「斷捨離」也並不是毫無掙扎與害怕的，她依然需要面對龐大的同儕壓力，以及親友的擔心、失望甚至是數落。而最最困難的，還是面對自己內心深處不時出現的困惑與不安，以及：「我是誰？我到底要什麼？我願意為此犧牲什麼？」的人生大哉問。

每個人都會面臨難以抉擇的時刻

在諮商的實務現場，可以看到許多人也卡在這樣的「兩難」當中。要不要繼續留在困難的關係中，相信事情會有轉機？要犧牲自己的意願，還是得辜負家人的期待？要不要追求內心深處的夢想，還是該「務實」過日子？而一旦進入必須二選一的想像中，我們便感覺動彈不得，因為兩個選擇都有自己想要的部分，也都有自己不想要的部分。

這讓我想到自己高中、大學時的成長經驗。小時候曾經看過爸媽為我們每一個孩子準備一本資料夾，裡面收藏了我們的獎狀、作品和書信，而第一頁，則是每個孩子的算命箋。依稀記得似乎才國中的我，看到屬於我的命盤上字跡瞭草不容易辨認，卻有幾個字依稀可以判讀：「宜往財金領域發展」。

由於我的數理能力在國中一位老師的用心栽培之下，的確表現得不錯，因此我當時理解這幾個字只覺得或許吧，可是說真的對於財金領域到底是什麼，其實沒有太多概念，不過這句話不知怎麼地，就在腦海中留下了印象。

高中聯考時，因為英數表現突出，加重計分之下，約有九成九的把握可以上熱門的財務金融學系，有趣的是，在準備聯考的過程中，這個科系從來不曾進入我的夢想清單，甚至可以說，我壓根沒想過要進這個系。可是，在評估可能的落點後，因為大人們對這個專業的讚賞，我很有覺察地選擇將我更喜歡的人文社會學系填在比較後面的志願，心裡明白知道如果我這麼做，極有可能就會優先進入財金系。

那時我想，學學我自己不會想主動去接觸的理財知識或許也不錯吧！殊不知，我低估了「為別人的期待過日子」的痛苦。在人才濟濟的台大校園當中，要在一個自己不感興趣的領域中保持一定的表現水準，真的是一件很耗費心力的事。那四年，對我來說，是苦於尋找自己的定位、看不清自己是誰的迷惘青春。

兩個心理功課為如何選擇做準備

一直到從事金融相關工作三年後，再次確定志不在此，我堅定地離職，花了約半年的時間多方學習、嘗試，才慢慢看清楚自己是誰、我真正喜歡什麼，也因著信仰上的預備，我冒險投入考試、一路經歷重重關卡，在三十多歲時，成為了諮商心理師。

這種無形中的順從主流與選擇安全牌，其實讓我的生涯繞了好遠的路，但是因為清楚是自己做的決定，我並沒有感到後悔；而這些尋找自己的過程、與家人期待和真實自我角力的過程，也都成了我理解和陪伴案主的重要養分。

成為母親之後，我也不禁在想，十多年後，當我的孩子執意要選擇我因不熟悉而感覺不安的方向，或是我私心不看好的未來時又如何呢？我會不會倚老賣老的試圖說服孩子？或是一方面表達會尊重孩子的選擇，但潛意識裡又不斷發送憂慮與擔心的電波，暗自希望她改變心意呢？

我當然希望自己能夠展現對孩子是個獨立個體的尊重與信任，但是該怎麼做呢？

我想，有兩個心理功課需要預備。

一、試著跳脫二元思考，從對錯中鬆綁。

嘉玲的爸爸常常選擇放棄自己的堅持，成就他的家人，但他看起來同樣樂在與家人、妻子的鬥嘴抬槓中，做個調節家中氣氛的甘草人物。反觀嘉玲則選擇忠於自己的心，雖然知道將面對家人的譁然，但是她也硬著頭皮準備接招。這兩種選擇都「情有可原」，值得被接納。當我們能夠放下自以為的對錯，或許我們的擔心與在意能夠先鬆綁一點。

二、以終為始，深度挖掘內心的渴望。

在戲劇中，嘉玲因為被問到「妳認為快樂是什麼？妳想像自己十年後是什麼樣子？」而豁然開朗。她體會到做自己的同時，並不需要放棄對家人的愛與在乎，也因此，她決定再次回到家鄉，進而能夠與祖母和母親展開更深刻的對話，體會到她們最終的心願，並不是自己一定要依某種方式過日子，而是自己能否過得開心、滿足。

作為父母的我們，如果能夠放下眼前的糾結，問問自己生養孩子的初心，對孩子最終極的期待是什麼，或許，答案也可以突然變得很簡單。

To be or Not to be？無論我們是孩子還是父母，也許答案始終不需要二選一。

作品小櫥窗

俗女養成記

類型：電視劇

年份：二〇一九年

編導：嚴藝文、陳長綸

主演：謝盈萱、吳以涵、陳竹昇、于子育、楊麗音、夏靖庭、溫昇豪、藍葦華

簡介：

改編自江鵝的同名散文。故事主角設定為一九七〇年代的六年級女生、從台南到台北打拚，年屆四十，徘徊在事業、愛情、原生家庭之間的眾多矛盾中。透過童年和現在的時空交錯敘事，女主角逐步接受自己是個「俗女」的事實，最終找回自我內在最想要的生活。本劇也藉此探討在那個台灣經濟成長、政治逐步開放年代的社會氛圍和家庭教育。

《媽媽必修的不完美學分》
提高「媽媽品質」
接受不完美讓生活更美好

身為母親，
在操持家務與兼顧工作當中，
為了想要面面俱到，
常常給自己太多要求和壓力。
分辨真正有價值的事，
先把自己照顧好，
更能扮演好媽媽的角色。

「為什麼在外面遇到的媽媽，好像都可以把孩子打扮得好可愛，自己也能時尚又亮麗？」

「為什麼網紅媽媽們好像都將事業、家庭和夢想兼顧得那麼好，我卻費盡全力還是差強人意？」

「為什麼我持續感到枯乾匱乏，即使拋夫棄子一個人去放風了，充電的程度還是趕不上耗電的速度？」

這些很真實的媽媽心聲，是否也曾經在妳心頭盤踞呢？我相信，有這些念頭的妳，絕對不孤單。

十個好習慣從完美主義中解脫

還記得懷孕初期的驚喜一過去，我就開始很真實的感覺到自己的老朋友——完美主義回來了。這個我以為透過論文好好整理之後就能夠劃清界限的思維習慣，卻在我成為媽媽的過程中再次隨行，不時影響著我的所思所想，也牽動著我的情緒，讓我在表面上看起來沒什麼事發生的情況下悶悶不樂，很難對眼前的「尋常」生活感到滿足。

某天，我走到圖書館，試著透過閱讀來洗滌腦中紛亂的雜音。忽然間，書架上這本書吸引了我的注意：《媽媽必修的不完美學分：10個讓你快樂，孩子也快樂的好習慣》，我簡直如獲至寶，這不就是為我而準備的嗎？

我毫不遲疑地抱回家細讀，而這本書也真的沒有教我失望。身為小兒科醫師的作者Meg Meeker細膩地將她真實的母職掙扎整理成深刻的提醒，溫柔的筆觸加上她從醫多年，與不同家庭接觸的實例故事，讓我每每捧著書沉吟許久，捨不得放下。

這十個習慣，分別是：

一、真正了解身為母親的價值：我們本是生命的美好展現，是純然的圓滿，然而我們總是太努力要求自己去做什麼，而忘記如何單純的存在。

二、有朋友讓生命更加美好：在對方面前我們不須完美，在那友誼裡，不需要刻意做什麼。因為對方的存在讓我們感到被愛，我們知道只要他在那裡，就沒有過不去的關卡。

三、信任生命，我們因此堅強：我們需要滋養我們的信仰、深層的意義。我們必須感受內心深處的動力，讓生命有莫大的提升。

四、告別競爭，人生更寬廣：專業上競爭是好的，只要健康承受得住，但在人與人的關係上競爭，尤其是身為母親，我們一定會輸。

五、不再憂慮金錢，發掘真正的滿足：如果看清楚金錢只是生命的一部分而不是決定幸福與否的關鍵因素，我們會明白真正的滿足是沒有標價的。

六、獨處帶來心靈的平安：獨處強化我們和親人間的關係、讓我們對自己和他人都敏銳，帶來平安和療癒，讓人保持心靈的平和與清醒。真正的獨處不只是挪出時間來給自己，還必須單獨且安靜，沒有來自內外在的噪音。

七、以健康的方式付出愛獲得愛：接受計算過的風險、不要把事情過度個人化，了解所愛的人並讓他們了解你。

八、過簡單的生活，回應生命深處的呼喚：梳理人生優先的重點，下決心活出這樣的條理來。回應生命深處的呼喚、放掉生活中不重要的事。

九、放掉恐懼、活出自由自在的人生：生活中的美好遠比邪惡要多，而需要憂慮的事也遠比我們所想的要少。好好檢視憂慮的根源，把他們逐出我們的世界。因為憂慮時我們把自己囚禁在黑暗裡，人生變得可悲。

十、希望是一種決定，下決心吧：希望讓我們往前看，而我們所犯的錯和經歷的挫折總把我們往後拉。作為母親，我們要對未來懷抱著希望，把眼光放大，才能好好享受人生。

在媽媽日常中練習實踐

這些習慣說來不複雜，也不是什麼新概念，真正的挑戰是如何在汲汲營營又喳喳呼呼的「媽媽日常」中實踐！

不過，這些好習慣也並不是一條條代辦事項、需要一一做到，而是可以互相補充、互相增進的。

對我來說，真正了解身為母親對一個家以及對孩子的意義，使我更願意撥出時間空間照顧好自己，以增進「媽媽品質」。於是，我會願意試著從小小的獨處時間開始，練習讓自己靜心、充電，而這些小小的時間，能夠幫助我整理甚至慢慢放掉對於生命的各種恐懼，或是幫助我重新抓出生命的優先次序，並以此安排時間心力。

上述的這些練習，又將進一步促使我更常將焦點放回自己的影響範圍內，看到生命中值得感謝的事物，減少和他人比較，我可能更有能量和彈性去付出愛與接受愛，而這些正向的選擇也會形成一個個漣漪擴散至我周遭的環境。

「這一切，真有這麼容易、這麼美好嗎？」有次當自己再度身陷各種阿雜的情緒漩渦中時，我忍不住發出無奈的探問。

「但是，不試著這麼去做，我們難道會更開心、更滿足、更有力量嗎？」

我想，答案是清楚的。說到底，我們在生命中時時刻刻面對著選擇。你不是選擇去愛與相信，就是選擇了害怕與冷淡。你不是選擇奮力去為自己的生命之船掌舵，就是選擇了隨波逐流，甚至沉淪滅頂。我們時時刻刻面對著選擇，但也時時刻刻有機會重新選擇。

這本書對我來說，是值得留在手邊，隨時溫習翻閱，常常練習實踐的貼心鼓勵，推薦給同樣在自己的小天地中努力傳遞美好價值的每一位媽媽。

作品小櫥窗

《媽媽必修的不完美學分：10個讓妳快樂，孩子也快樂的好習慣》
類型：書籍
年份：二〇一二年
作者：梅格・米克（Meg Meeker）
譯者：吳幸宜
出版社：遠流
簡介：作者Meg Meeker是位內科醫師與小兒科醫師，育有四名子女，在親子教養、青少年與兒童健康議題上，是美國的權威專家。本書闡述每個女人在成為媽媽之前，都有「自己」的夢想，卻在生活中日漸消磨殆盡，她提出十個習慣，幫助婦女擺脫習以為常的思考模式，學會用更健康的方式愛自己、孩子和丈夫。

《羅馬》
回憶洪流中深藏的愛
超越血緣的「家人關係」

如果你對於日常生活中的情感描繪、
關係的深刻交織有興趣，
或是童年曾經有一位
讓你念念不忘的照顧者，
那麼你也很可能被這部電影深深觸動。

最近看了《羅馬》這部囊括奧斯卡最佳導演、最佳攝影與最佳外語片的電影，而坊間已有不少文章從電影內涵與技術層面討論這部佳作，這篇我想從關係與愛的角度，來談談這部電影。

電影背景設定在一九七〇年代的墨西哥，描述原住民女傭與中產階級家庭之間的故事。這部片改編自導演艾方索柯朗自己的童年回憶，影片最後寫著：「獻給Libo」，那是導演深愛著、並稱為「第二個媽媽」的女性，也是片中主角可麗奧的原型。片名《羅馬》(ROMA)是以當時艾方索成長的社區來命名，但有趣的是，若把片名倒過來，會發現「AMOR」意為西班牙文中的「愛」。我相信，這也是導演透過這部片想要傳遞的最重要主題。

電影海報採用的是尾聲時所有人在海邊緊緊相擁的畫面，真實地展示出這「一家子」關係的深刻。而這樣的深刻，來自前面兩個多小時的許多片段，逐步引領我們體會他們之間的豐厚情感。

可麗奧與孩子們，無條件接納的溫柔

影片中的可麗奧在家中擔任傭人，她每天的生活十分單調瑣碎，導演透過一鏡到底的方式，來表現她日常的時間流轉：清狗屎、刷洗地板、泡茶備餐、洗碗、曬衣、照顧孩子起居等。但或許因為她的身分，或許因為她的個性，她對待孩子總是帶著溫柔與深情：常常對孩子表達「我愛你」；喚他們起床時喊他們為「我的公主、我的小天使」；即使是其他人認為個性最衝、堪稱小惡魔的次子帕可，可麗奧也溫柔地說：「但我愛他。」

有一幕可麗奧與最小的孩子佩佩（即導演幼年的代表）在天台上的互動讓我印象深刻。

佩佩在與哥哥玩耍起衝突後，沮喪地躺了下來。

可麗奧說：「怎麼了？你不打算告訴我嗎？」

佩佩說：「我不能說話，我死了。」

可麗奧說：「那就復活唄。」

佩佩說：「不行。」

「好吧。」可麗奧沒有要他離開危險的頂樓，也沒有否定他的發言，只見她閉上雙眼，與佩佩頭碰頭躺下。

「妳這是幹什麼？妳在幹什麼？說話啊？」她的舉動引起孩子的好奇，但任憑佩佩怎麼叫，她都不出聲。

過了好一陣子，可麗奧淡淡地說：「我死了，我不能講話。」佩佩聞言又放鬆地躺了回去。

最後可麗奧語帶幽默地說：「嘿！我還挺喜歡死了的感覺。」

這一段過程中我看到一個好的照顧者，她不會總是站在要教導孩子的位置上，而是帶著一份輕鬆與好奇去了解孩子、參與對話，進而從對話中與孩子互動。但不得不說，或許也正因為可麗奧不是母親，所以比較能夠有這樣的從容與彈性。

佩佩也很喜歡跟可麗奧說他前世的記憶，並強調「那時你也在」。姑且不論孩子說話的真實性，但我猜想因為可麗奧總是願意進入佩佩的世界，參與他的想像，而不是拉他出來，因此佩佩特別喜歡向可麗奧分享他天馬行空的內心世界。同時，透過反覆強調「你那時就和我在一起」，也可以看出佩佩對她的孺慕之情。

女主人與可麗奧，患難中的真情與共

可麗奧雖是傭人，但她也默默見證著這個家的歡樂、悲傷、衝突和祕密，以及女主人在當中的失控、崩潰與重新振作。她或許沒有位置也沒有能力向女主人說什麼打氣的話，但她的逆來順受、她自己的遭遇，以及她對這個家的付出、對孩子們的愛，已經為女主人帶來了穩定的支持力量。

舉例來說，女主人因為獨自承擔著丈夫可能拋棄這個家的壓力，她不只一次突然對孩子發飆並遷怒可麗奧，隨即又感到懊悔與悲痛。觀眾的第一反應或許會覺得很難認同這樣一位母親，但如果靜下心來想，或許也能夠明白，她已經在那讓人枯竭的生活裡盡了最大的努力，為四個年幼的孩子「塑造父愛並未遠離」的希望。

在海邊度假時，女主人於晚餐時間宣布「真相」，告訴孩子們爸爸不會回來了。她帶著笑容、語調昂揚充滿希望的告訴大家：「生活會有些變化，但我們會一起度過。這會是一場冒險，但我們會一起面對，手拉著手、肩併著肩。對吧？可麗奧。」

面對在座的孩子們有的哭泣、有的茫然，女主人雖然已經強打精神，準備好母代父職，努力繼續讓生活運轉下去，但她同時也需要她的夥伴可麗奧的支援。此時，自己也陷在情緒深淵當中的可麗奧，支持地、盡力地向女主人點了點頭。

同樣地，女主人也對可麗奧展現了極大的接納與幫助。

在可麗奧吞吞吐吐地說出自己似乎懷孕後，她膽怯地問道：「你會解雇我嗎？」女主人回應：「傻瓜，當然不會！我們得去檢查檢查。」

在當時保守的社會風氣以及家庭經濟來源減少的情況下，於公於私她都有理由辭退可麗奧，但她不只是讓可麗奧繼續留在家中，還主動照顧她，冒險開著自己顯然不太能駕馭的大車帶她去醫院檢查，並且在之後可麗奧陷入喪子的低潮時，主動邀請她一起去海邊度假，在她傷心淚崩時與孩子一起告訴她：「我們都很愛妳！」

故事再述說，苦澀釀為甘甜

電影的拍攝過程也很有意思。艾方索寫下故事之後，從來沒有讓任何人讀過劇本，他說：「這個故事太貼近自己了，別人一定可以給出很好的建議，但這故事，不容其他人修改。」

拍攝的一百一十天當中，他每一天個別向演員們說明當天的故事，並只給某些演員特定的台詞，但不透露其他角色的反應，然後讓攝影機長期地拍攝，捕捉演員們彼此之間未經設計的真實互動。或許因為引動了太多回憶與感受，拍攝過程中，導演往往需要拍完一場戲就停下來散散步、透透氣。

這樣的過程，讓我想到心理劇與心理治療的原理。透過真實、未經排練的選角和演出，療癒的力量便在當中流瀉，而且，這力量不僅會撼動故事的主人，對所有參與當中的演員、觀眾乃至導演，同樣是如此。

艾方索在一個採訪中說：「我認為記憶像是牆上的裂痕。這裂痕是過去的痛苦所造成的，我們傾向塗抹遮蓋、試圖掩飾裂痕，但它仍在那裡。」拍攝《羅馬》讓他動員了可觀的資源，重新梳理包括個人、家族甚至是國家的歷史，揭開層層塗抹，在裂痕上以「情感」與「理解」作為原料，重新創作出一幅雋永美麗的圖畫。

電影刻意採用灰階影像呈現，濾去使人分心的紛亂色彩，呈現出獨特氛圍與細緻的光影變化。儘管如詩一般優美，但整部電影的後勁是強烈的，因為在那些歡笑與溫暖中，辜負、失去與震驚同時也在，甚至可能是觀眾們第一次觀影時，最鮮明的故事主題。

但是或許，就像我們在心理治療的過程中所相信的一樣，重新述說生命故事將會帶著改變的力量。遺憾的裂痕必然在我們記憶的深處，但在合適的準備下，再說一次故事，我們往往會在當中驚訝地發現一些珍貴的力量、關係和愛，如同流水淘洗後，海灘上閃爍著的耀眼沙金。

作品小櫥窗

《羅馬》（西班牙語：Roma）

類型：黑白劇情片

年份：二〇一八年

導演：艾方索・柯朗（Alfonso Cuarón）

主演：Yalitza Aparicio, Marina de Tavira, Marco Graf, Daniela Demesa, Enoc Leaño, Daniel Valtierra

簡介：

本片是導演根據回憶改編，獻給照顧他長大的幾位女士的深情作品。背景設定為一九七〇年代政治紛擾下的墨西哥，刻劃中產階級社區「羅馬」中一名幫傭可麗奧（Yalitza Aparicio飾演）以及其雇主家庭中所發生的故事。該片於二〇一八年獲得最高榮譽金獅獎，以及第七十六屆金球獎最佳導演和最佳外語片，第七十二屆英國電影學院獎最佳影片、最佳導演、最佳攝影和最佳外語片，第九十一屆奧斯卡金像獎最佳攝影、最佳外語片及最佳導演。

《我們與惡的距離》看伴侶關係（上）

用對話拉近彼此的距離

很多誤會或傷害
都是因為拒絕對話而日益加深。
受傷的雙方，
如果有一方願意先放下自己的情緒，
並試著理解對方的激烈反應，
也許就能勾出彼此心裡
害怕和擔心的癥結。

為台灣電視劇標出新高度的作品《我們與惡的距離》描繪的是一起隨機殺人事件後，牽涉其中的人們，在生活中如何持續餘波盪漾。這些不同的角度包含被害者家屬、加害者家屬、媒體工作者、其他精神疾病患者及其家屬等等，呈現深刻而立體的內心世界，片中有幾對伴侶的互動讓我想了很多，覺得很值得用這些例子來說明伴侶關係。

如果要問這部片最想提倡的「行動」是什麼，我認為或許可用「暫時放下成見，增加有品質的對話以促進彼此之間的了解」作為代表，因為對話往往可使了解持續增加，進而能看見每個人都有複雜而豐富的面向，不該被簡化為狹窄的類別或標籤。

最讓我回味再三的，是片中不斷交織並陳外在社會發生的衝突，以及眾主角們家中產生的歧見和摩擦，這些大大小小的碰撞，好像也在告訴我們，「好好對話」不只適用於社會中的相對團體，如加害人與被害人、助人者與病患及家屬之間，同樣的也非常適合、甚至可以說是「更需要」練習使用在親近的伴侶和家人關係中。

對話能夠解決問題嗎？

對話，這個看起來很簡單的動作，實際在進行時卻大有學問。有的人可能會像既是新聞台主管又是被害者家屬、自己婚姻也陷入困境的宋喬安初期一樣，動不動就說：「我和他（先生）沒什麼好談的」，因為過往和對方總是兩句話就開始互相指責，已經有太多談不出正向結果的挫敗經驗，誰會想一再白費力氣呢？

有些人則可能會像劇中的加害人李曉明的父母一樣，面對律師王赦邀請他們與受害者家屬進行修復式對話時，內心擔憂著：「我自己也不知道孩子怎麼會做這種事，我哪能彌補這些家庭的傷呢？」他們很難想像，就算和受害者家屬聊感受、想法、遺憾，聊他們所認識的兒子，對於既成的傷害又有什麼用呢？

這些擔心都很有道理，他們點出了：帶有攻擊性的「說」，以及擔心無法提供解決方案的「聽」，可能都會阻礙有品質對話的產生。

也可能有人會想接著問：「就算好好對話了，那又如何？事情就能有所解決嗎？」

這邊我想拉回伴侶關係的層面來談談這件事。

解決問題之前先學會共處

根據美國關係治療大師約翰・高特曼的研究，伴侶之間有個性和價值觀的差異可以說是必然的現象，因此會產生衝突也是無法避免的。此外，伴侶間竟有高達百分之六十九的衝突很難找到解決方法，換句話說，如果這是一個普遍的現象，決定一對伴侶是佳偶還是怨偶，就不是衝突的頻率或激烈程度，而是雙方能否在彼此的差異上，持續展開對話，並且仍保有對彼此正向的情感。

簡言之，重點不在於解決，而在如何共處。

約翰・高特曼在他所發表的伴侶關係模型中更細膩地說明，想要成功面對關係中必然出現的差異和衝突，需要依序掌握以下三個重點：

一、運用正向情感表達來緩和衝突，並且有效調節升高的身心情緒反應。

二、運用基本溝通技巧解決可解決的問題，並持續為不可解決的部分對話。

三、對話中，嘗試了解彼此看法背後隱藏的夢想，試著協調彼此的夢想。

這一篇，我們先以劇中的喬安與昭國這對伴侶為例，來說明第一點。下一篇，再分別以同劇中的喬平與一駿、美娟與王赦作為第二、第三點的範例。

先調節自己的情緒，再試著安撫對方

「運用正向情感表達來緩和衝突，並且有效調節升高的身心情緒反應。」

吵架的時候，最常見的困難就是兩個人在情緒高度激發的狀態下，容易抓住對方一段話中最不入耳的一句，狠狠反擊，進而又引發對方的防衛或攻擊。兩股風浪不斷撞擊、加乘，彼此回擊的速度越來越快，等到兩個人再回過神來，彼此都已不知被情緒的狂潮帶到哪裡去了。因此，在衝突中要能夠喊出暫停，讓彼此先停下傷人的話語，甚至還要能試著中性或正面解讀對方的言行，有賴伴侶雙方先適度安撫自己的受傷或生氣，進而甚至能去安撫對方的情緒。

在本劇一開始，兒子在隨機殺人事件中身亡的喬安與昭國，兩人的互動總是相「競」如「冰」，一言不合便針鋒相對。喬安的妹妹，同時也是社工師的喬平曾評論他們的困境一來是兩人工作理念不同，造成長年來關係冷漠，昭國的精神外遇更讓喬安無法諒解。其後兩人又遭逢喪子意外，就好像兩個敵人這時各自都受了重傷，卻不敢也不能向對方尋求安慰。

當後來昭國嘗試調整自己的態度，多次邀請喬安一起去諮商、一起吃飯，喬安起初也讓他碰了幾次釘子，直到那場在已故兒子天彥房間外的衝突，昭國挑戰喬安進入天彥房間，嘴上倔強的喬安終於壓不住內心的慟與愧疚、害怕，痛哭失聲。

這時候昭國的反應便從原先對喬安逃避的不滿，化為對她的不捨（因為理解而能正向解讀喬安的強辯與崩潰）。他先放下了自己的難過以及對喬安的情緒，選擇擁她入懷（調節自己的情緒，也調節對方的情緒），等待情緒平復後，雙方進而能夠展開兩人之間久未出現的會心談話。

昭國端了飲料在喬安旁邊坐下（透過安撫生理的需要，調節心情），並專注聆聽喬安沉痛地說出要是自己當時也和天彥一起死了，說不定還會被想念，不會那麼被昭國與女兒天晴討厭。

昭國真誠地表達自己不是討厭喬安，而是害怕靠近她，同時對自己的精神外遇表示歉意。

很難得的，在這樣的對話氣氛下，喬安也首度放下盔甲與好強，承認關係變成這樣自己也有責任。

留下來對話就有機會改變

這一段很能夠幫助我們理解，對話的開始可能不是安排好的，可能過程也是不順利的，可能越談越生氣，很想轉頭就走。但是如果能夠試著不斷安撫自己、安撫對方，試著讓對話往有建設性、真實的方向前進，對關係一定會帶來幫助。

有些「冰凍三尺」的關係，可能真的很難不帶成見地與對方好好談話。這個時候也不要太快放棄，別忘了可以尋求外援，這外援不是來評理、仲裁，而是協助雙方展開良好的對話。

相較於社工師與精神科醫師角色的活靈活現，我雖然私心覺得諮商心理師的戲份好少，但無論是片中始終無法真正與喬安昭國談完一次會談的伴侶諮商師，或是後來修復式正義會談中的諮商師，角色的功能恰恰都是協助安撫雙方情緒、促進建設性對話的展開，畢竟一個好的對話必須先放下那想怪罪、攻擊別人的拳頭和情緒，勇敢地往內看一看自己脆弱的心真正在難過、失落些什麼。

而另一方，如果由罪咎感、羞恥感幻化成的隱形斗篷願意掀開一角，勇敢地探出頭聽一聽對方的傷痛與憤怒，即便自己並不一定是那個故意造成對方傷害的人，留下來繼續對話，關係就有機會改變。

下一篇，我們繼續來看，面對無法解決的衝突時，雙方又該如何對話？

作品小櫥窗

《我們與惡的距離》

類型：電視劇

年份：二〇一九年

導演：林君陽

編劇：呂蒔媛

主演：賈靜雯、吳慷仁、陳妤、溫昇豪、周采詩、洪都拉斯、曾沛慈、林哲熹、林予晞、施名帥、檢場、謝瓊煖

簡介：

由公共電視推出的社會寫實劇，透過一起隨機殺人事件展開劇情，藉此凸顯台灣社會存在已久的問題，探討的議題包括新聞媒體生態、對思覺失調症的認知、受害者與加害者及其家屬的處境等，也包括律師、社工、醫師等角色的困境，因貼近民眾真實生活感受而引起廣大討論和關注。

《我們與惡的距離》看伴侶關係（下）

用更多理解和認同展開真實對話

無論是可解決或不可解決的問題，
透過夫妻雙方開誠布公的真實對話，
也許是各退一步，
也許是因理解而願意妥協，
只要存在著願意溝通的開放態度，
就能持續尋求解方。

前一篇，我們提到美國關係治療大師約翰・高特曼的研究，面對關係中必然出現差異和衝突的三個對策，並用喬安與昭國的例子說明了三個建議中的第一步。這篇，我們將來談談同等重要的第二、第三步。

如何面對可解決和不可解決的問題

「運用基本溝通技巧解決可解決的問題，並持續為不可解決的部分對話。」

前面說到約有百分之六十九的衝突是不可解決的，但更有意思的是，同樣一個議題（如是否懷孕生子）對這一對來說是不可解決議題，對另一對來說卻可能是可解決議題。

伴侶雙方透過討論，了解對方真正在意的部分，才能夠有效地提出可能的方案，找到共識。而針對那些你不願意讓步、我也很難放下的堅持，重要的是不放棄對話，也想辦法在過程中保持一點對於對方的理解，而非怨懟、怪罪。

社工師喬平和精神科醫師一駿這對專業人員伴侶，一向在關係中展現默契以及幽默感，在後半段同樣因為專業角色的理念不同，以及一向自詡為頂客族的兩人卻意外懷孕了，對於是否留下孩子產生不同想法而發生衝突。

我很喜歡在最後一、兩集中，他們兩人在看似很難找到共識的議題上，一次、兩次、三次展開對話。每一次就算無法談出共識，仍不放棄再一次重啟話題。

先生一駿問太太喬平：「妳原本也說好不想生，那妳現在改變了嗎？」

喬平則反問一駿：「那你到底為什麼這麼堅持不要生？你一定有什麼事還沒有告訴我！」

隨後喬平嘗試提出種種解決方案，找保母、請公婆幫忙，試著集思廣益，尋找各種可能的解決方法。即便一駿將這些方針一一推翻，即便喬平當下對一駿的理由「不想讓孩子面對這眾生皆有病的社會」也無法認同，但是隨著後續一些事情的發生，一駿的想法以及外在局勢慢慢產生改變，最後喬平也一面虧他，一面接受了他提出的「要賴方案」，兩人共同決定將孩子生下來。

這個過程展現了原本看似不可解決的議題（不是你委屈就是我委屈、不是你負我就是我負你），因著持續對話、因著留待時間發展，終於讓他們產生同心的決定。

試圖理解對方話語背後的真實含意

「對話中，嘗試了解彼此看法背後隱藏的夢想，試著協調彼此的夢想。」

根據我在實務現場的觀察，在對話過程中，人們很容易陷入事件表面的爭論，然後感覺到公說公有理、婆說婆有理，很難有交集之外，更難接受眼前這個和我差異這麼大、這麼陌生的人，竟然是我曾經選擇要共度一生的伴侶！

其實，如果在對話陷入僵局時，試著相信，對方這麼想這麼做，一定有他的原因，並且能夠對這個隱藏在背後的夢想真心的好奇，往往可以讓對話柳暗花明又一村。

劇中努力為人權奮戰、即便妻子美媚提出最後通牒帶著孩子搬回娘家，仍然堅持要為重刑犯辯護的律師王赦，在他向妻子娓娓道來自己的成長過程中，差那麼一點也可能成為殺人犯時，我們理解了，原來他心中藏著僥倖的罪惡感：對自己命運不安、對兄弟們不捨，也因此迫切想要為這樣的社會做點什麼。

而美媚回應：「我不是在無理取鬧，我只是想保護我們的小孩，我不想他們受到傷害，但我不知道為什麼在你眼裡，就變成好像是我不夠寬容，因為我不能夠理解這些人。」

作為一個帶著大寶，二寶又即將出生的的母親，她的害怕與脆弱、她的想要獨善其身，我們又怎會不理解呢？

這一段兩人都很真實地說出了內心的需求與期待，可是好可惜啊，王赦當下只回應「殺了這些人，還會有下一個」，並沒有真正回應到妻子的提問，接著他便轉身離開，結束了對話。

如果在衝突當中，雙方有機會好好的談，先不站在「說服對方、拉攏對方」的角度，好好聽懂為什麼這對你來說那麼重要？然後再換另一方說說，另一個部分對我來說為什麼也很重要。然後，這兩個曾經承諾要共度一生、彼此照料的夥伴，或許更能夠重新生發願意協商某些部分，以幫助對方完成夢想的心情。

學習打開天窗說亮話

可惜的是，在劇中，後來兩人的和好與妥協，仍是透過美媚母親對美媚的勸說以及美媚父親對王赦的責罵，而沒有經過彼此打開天窗說亮話的溝通。這樣的間接互動，反而帶出後來彼此各自背負的心理壓力，因而間接導致美媚失去了腹中的胎兒，以及王赦的自責，進而差點出賣靈魂、背棄自己的理想。

幸好在塵埃落定後，最後美媚主動鼓勵丈夫繼續堅持夢想，表達了原諒與認同（並未怪罪先生造成自己流產，而是自責太晚聽從他的勸告），才真正重新打破隔閡，重新連結關係。

王赦痛哭著回應妻子的表達，卻仍無法說出自己的虧欠與自責。這段真讓我覺得好不捨——有些人，尤其是男性，真的很難說出自己內心的重擔。不過這或許也某種程度反映了現實世界中，很多伴侶真的不習慣把話講開，而這或許也是諮商工作能夠幫上忙的部分。

追完了劇，你的生活中有沒有產生一些改變呢？除了多些理解、多些柔軟、多些謙卑，是否也讓我們試著多一點點真實的對話？就從身旁親近的伴侶、家人開始吧！

作品小櫥窗

約翰・高特曼

被譽為關係治療大師的約翰・高特曼（John.M.Gottman）博士，因提出具開創性的關係穩定度及離婚預測研究而聞名，他與太太茱莉・高特曼（Julie.S. Gottman）博士共同創立了高特曼學院（The Gottman Institute）提供線上與線下的實用工具，如夫妻研習營、線上直播與治療師的協助，幫助眾人強化和修復婚姻關係，有興趣的讀者可上網站gottman.com進一步了解。約翰・高特曼也出版了多本著作，翻譯成中文書的如：《關係療癒：建立良好家庭、友誼、情感五步驟》（張老師文化）、《讓愛情長久的八場約會》（三采）、《七個讓愛延續的方法：兩個人幸福過一生的關鍵秘訣》（遠流）等。

《因為愛情》一個事件兩種視角

在生命的辛辣中熬煮甘甜

生命從來都不是只有甘甜，
也必定有苦澀，
當生活出現挑戰的時候，
是不是能夠換位思考，
成了夫妻能不能共度難關的重要關鍵。
透過電影敘事，
我們能先從旁觀者的角度
來客觀看待兩性差異這件事。

《因為愛情：在她消失以後》和《因為愛情：在離開他以後》是二〇一四年兩部很有意思的電影。說是兩部，其實是導演刻意以丈夫與妻子各自的主觀經驗，來講述同一份關係、同一個故事。如果觀眾仔細對照，會發現這兩部片在敘述方式以及某些事件中，刻意安排了兩人視角及回憶細節的不同，暗示著內建在性別中的差異。

對事件的反應呈現兩性差異

故事描繪某一天，男主角康納赫然發現因喪子之痛被悲傷淹沒的妻子，留下讓他摸不著頭緒的話語後，便消失在他的生活裡。康納發狂似地四處尋找答案，甚至不惜和以往關係緊繃的父親聯繫，也和對自己似乎有些敵意的丈母娘求教，但是在能整理出清晰的結論之前，康納似乎得先讓自己從不斷找原因、找問題的思緒洪流中抽身、想辦法穩定下來。

而在妻子伊蘭諾視角的那部電影裡，描述的則是帶著巨大失落與悲傷的女主角，在多次嘗試向丈夫表達感受，卻只見到他看來無情的舉動，伊蘭諾絕望的發現丈夫無法明白自己，崩潰地選擇逃離這個傷心地。在親朋好友的陪伴之下，女主角終於慢慢振作精神，再次走入校園充電，希望能夠漸漸走出悲傷，展開新生活，只是，她的心中也依然眷戀著過去生命中重要的他和孩子。

很有意思的是，電影裡呈現出的兩性差異，我們在其他文本，乃至身旁的真人真事當中，也都可以看到。

例如，當兩人面對同一個挑戰或傷痛時，女性似乎較容易被情緒感受困住，而男性往往較快將傷痛與失落打包，試圖往前走。當丈夫的酸楚藏得深到甚至難以與身旁的妻子一同走過悲傷時，另一方往往也加倍感受到孤單與不被接納，結局往往是兩人無法再攜手共度人生。

在這樣的過程中，當女人多次感受到自己的表達與求助沒有被好好的接住和回應，黯然決定放棄時，男人卻還搞不清楚問題出在哪裡，等到哪天看到人去樓空，才彷彿墮入深淵，苦苦地一再自問：到底發生了什麼事？為何她就這樣離開？

從兩造觀點建立事件全貌

這樣的觀影經驗，讓我想起很多時候面對伴侶關係的困難，身為治療師或是雙方共同朋友的我們，也很容易先聽一方的說詞，就進入這一方的觀點，開始覺得不能苟同另一方為什麼那樣做。可是當故事的全貌因加入了另一方的觀點而逐漸拼湊出來時，我們便漸漸明白，原來彼此都有自己的不容易，也都有各自要學習的課題。

舉例來說，當我看到男生的版本，可能會想：「哎呀，一開始關係也曾那麼甜蜜、深刻，是什麼讓她寧可丟下對方各自悲傷，也不願意回頭彼此安慰呢？為什麼即便男人表示想要挽回、願意盡力改變，女方常常還是不太敢再相信，擔心對方說的和做的是兩回事呢？」

而當我試著「穿上太太的鞋子」，我明白了：「啊，這是受傷的反應！」或許是在過去的日子裡，那些曾經懷抱的期盼一個個破碎，每一次的呼喚、表達、懇求、抗議都沒有被真正的聽懂、也沒被好好地回應，幾度或許她也試著說服自己降低期望就不會再受傷，卻發現真的無法這樣活下去。於是，終於她決定放棄那些捨不得的美好曾經，轉頭不聽心中仍不時冒出的質疑：「真的要這樣嗎？如果……會不會還有希望？」不惜成為對方口中那個狠心的人。

當我看到女生的版本，我也會很直覺地感到不平：「哎呀，這個男人怎麼那麼不願意為妻子改變一下自己呢？如果能夠從自己的世界出來一點，分享自己的壓力和挑戰，會不會他們的隔閡可以減少，太太也能感受到更多的愛和支持，就不至於走到今天這般田地？」

但同樣的，我再試著「穿上先生的鞋子」，我感受到了那股壓在他身上的重量！或許來自生活、來自社會期待，以及那個巨大的創傷，他也許看起來堅強淡然，但不代表他不覺得受傷。

這樣的傷讓人好疲憊、好乏力，也讓人很難去好好地回應另一半，尤其對方和自己又是那麼不同的生物——為什麼她們不能就事論事地採取真正有效的步驟，而要把力氣不斷花在緬懷哀嘆呢？

加一點調整就能改變現況

誰對？誰錯？很難說誰真的「錯」了。

但是如果雙方都願意做出一點點調整，或許更有機會，再一次讓對方回到心上那個「承諾要一起面對生命中各種挑戰」的位置，再一次願意信任彼此，再一次能夠溝通、合作，互相幫助。

而對於一個伴侶治療師來說，或許我們最希望做的，就是幫助雙方更明白對方，然後，或許因為這樣的明白，願意再次與對方接觸，攜手面對難關；又或者，是因為這樣的明白，而願意原諒對方和自己，放手讓兩人展開新的人生。

在醞釀這篇文章的某一天，我因為貪快而煮出了一鍋失敗的咖哩，一個比喻突然在我腦海閃過。

因為不想一直在鍋旁顧著，我便把本該用明火先炒香炒軟的洋蔥，還有該加水慢慢燉爛的馬鈴薯、紅蘿蔔和肉塊全部一起丟入電鍋，想用最懶、最快的方式，把東西都弄熟，最後再加入咖哩塊上色入味。

不一會功夫，一鍋咖哩完成了，可是在食用時，味道是有了，卻少了食材的香味；熟是都熟了，但是塊狀材料都還硬硬脆脆的，一點也不鬆軟。結論就是，吃是可以吃，可是實在稱不上可口。

為了補救，我只好將整鍋咖哩從電鍋中取出，重新上爐小火燉煮，希望食材透過加工更軟爛入味，湯汁也能更加濃郁。但是，因為已經加入了咖哩塊，此時的明火燉煮更需要在旁持續攪拌，否則一不小心，就可能底部燒焦，毀了一整鍋料理。

維繫夫妻關係有賴悉心關照

會不會婚姻也像是這樣？

一開始，兩人關係中的豐富食材就像我們雙方的各種特質和習慣，在還沒有太多生命加給我們的重量時，這些東西還能夠在清水中慢慢加溫、慢慢燉煮，讓各種食材漸漸熬出甘甜、煮出鬆軟，讓多種滋味產生層次、慢慢調和。

之後，當生命的辛苦與複雜越來越多，醬汁越來越稠，便需要更多攪拌與照顧。不過當然，同一時間裡，滋味也因融合了辛辣與甘甜而更加豐富誘人。

反之，如果為了貪快，將什麼都攪在一起，不多加以關照、處理，那麼等到生命的無常與挑戰臨到，要再上「火線」補救，雖然不是不可能，但就更費心、費時、費勁了。

有了這層體會，是不是我們不要在關係中選擇敷衍了事、得過且過？趁著確認婚約前，好好聊清楚彼此的期望與承諾；趁著關係中的失望與虧欠還少，好好的溝通與修復。一次次練習，把自己的意思和緩的表達清楚；一次次嘗試，在接收到對方的訊息後，好好的回應並調整；一次次，在對方還沒有準備好的時候，把自己照顧好，爭取多一點時間等待對方；一次次，在對方能夠聆聽和討論的時候，放下想意氣用事，再次試著溝通。

人生的道路上，雖偶有風暴，但能有好隊友扶持同行，在許多辛辣的試煉之中，也往往能嘗到甘甜的餘韻。

作品小櫥窗

《因為愛情：在她消失以後》、《因為愛情：在離開他以後》

類型：電影

年份：二〇一四年

導演：奈德・班森（Ned Benson）

主演：潔西卡・雀絲坦（Jessica Chastain）、詹姆斯・麥艾維（James McAvoy）

簡介：

《因為愛情》是一個故事、兩種角度拍攝而成的兩部電影，講述一對夫妻在痛失愛子之後兩個人完全不同的情緒反應，也因為雙方都不理解對方的心情而無法再一起走下去。不同於一般電影只有一個敘事主角，觀眾可以試著從男女主角的不同立場，看到兩性在面對同一件事情上所呈現出的心理和行為差異，也更能換位思考。

《你的孩子不是你的孩子》之生命體悟

欣賞孩子的本質愛得更輕鬆

孩子某某缺點是像爸爸還是像媽媽？
父母常在對孩子有所期望時，
出現這樣的想法。
實際上，孩子不是爸媽的附屬品，
拋開糾結，
更能接受和欣賞每個孩子的特質。

在我還在念高中時，讀到紀伯倫的一首小詩，當時的我，是某人的孩子，卻不是任何人的母親。詩中描繪的境界讓我心神嚮往，覺得這樣的親子關係既有愛與呵護，也實踐了信任與放手，還點出了更高層次的意義——生命奧祕的運行法則。那是多麼美麗的一種意象！

〈論孩子〉那首詩是這麼寫的：

你的孩子，其實不是你的孩子，
他們是「生命」對他自身的渴慕而誕生的孩子。
他們經你而生，卻非為你所造，
他們在你身邊，卻不屬於你。
你可以給予他們你的愛，而非你的想法，
因為他們擁有自己的思想。
你可以庇護的是他們的身體，卻不是他們的靈魂，
因為他們的靈魂寓居於明天，那是你做夢也無法觀覽的明天。
你可以盡力去變得像他們一樣，卻不要指望他們變得和你一樣，
因為生命不會後退，也不會在昨日停留。

你是弓，孩子是從你弦上射發的生命的箭矢。
那射手看到了無盡路上的標靶，於是他用神力將你拉滿，讓他的箭急馳遠射。
懷著歡欣的心情，在弓箭手的手裡彎曲吧，
因為他愛飛去的箭，也愛靜存於掌中的弓。

角色不同，心境也大不同

最近，我又在網路上遇到這首小詩，是因為公視根據吳曉樂的著作《你的孩子不是你的孩子》，改編製作一系列刻劃親子糾葛的短劇。我看了相關的介紹與留言活動，卻發現自己背脊直冒汗，沒多久便關掉視窗，起身泡了杯茶，試著深深呼吸、平復一下心情。

此時的我，既是某人的孩子，也是某人的母親，心境與當年大不相同。我能夠感受到那些孩子的期待與失落，也能夠體會那些父母的困頓與為難，因此心中產生了兩難的感受。

或許現實就是，一個試圖去愛的人，即便再怎麼努力，還是可能會犯錯，還是無法完全灑脫，還是無法跳脫自己的侷限。我們無法避免所愛的人有時對我們失望。

同樣的，我們所愛的人，也很有機會讓我們失望。這，就是生命的必然。或許，接納這點，能讓我們對自己和對方，更加寬容。

你的孩子不是你的，那到底是誰的？

不同於當年單純的欣賞，現在的我明白，這詩呈現出來的境界，其實很違反人性。要在這樣的美好境界邁進，它其實需要我們刻意地將注意力暫時從眼前匆匆流逝的日常中抽離出來，轉而注視更高層次的本質和意義。這讓我們有機會承認自己在生命面前的有限，進而能夠在自己被凹折成為彎弓後，還能帶著喜悅和祝福，目送箭矢遠飛，並且知道，這是生命對自己與孩子的厚待。

我想，這可以說是要進入靈性層次，才能夠體會的境界。

不同的信仰，可能對此有不同的見解。聖經上說：「子女是耶和華所賜的產業」。換句話說，還真的不是你的！佛道信仰中，有些人可能相信來投胎的孩子和自己有某些特別的緣分，所以在今世以這樣的方式相遇，繼續一起「修」未竟的功課。

不論是哪一種說法，當我們用靈性的觀點來體會時，就會感受到生命降臨的神聖性以及不可控制性，因為，就算現代醫學讓我們彷彿可以多一點機會掌控生育，可是，我們仍然無法預定他的性格、他的靈魂。

這種深深知道「有些事情自己再怎麼努力也無法控制」的覺知，反而會幫助我們記得，孩子是他自己，他即便有些部分會像爸爸、有些部分會像媽媽，有些部分會因後天的訓練而得到薰陶，但還是有一些我們無法參透的部分。

他就是他自己獨特的樣子，有他獨特的生命道路。

從孩子身上找父母影子的迷思

最近在與孩子的互動中，我發現她有很「霸氣」的一面，往好處想，是有主見、想自己嘗試、很堅持很有力量；往壞處想，則可說是固執、拗、傲驕、難以溝通。在我和別人聊到這個最近和孩子互動上的苦惱時，有人玩笑般地問我：「這是像爸爸還是媽媽啊？」我順著這句話認真地開始煩惱這究竟是像誰，還開始糾結，會不會是自己帶養她的方式不對？是太嚴格以致她想反抗，還是太溫和以致她得寸進尺？

靜下心來後我突然發現，這些念頭，其實凸顯了親子關係中很多有趣的心理現象：我是不是難以接納自己的某些黑暗面，所以也容易在孩子身上看到，並且因此而擔憂？我是不是很不欣賞伴侶的某些特質，也在孩子身上看到很多相似的缺點，並且認為這些是伴侶的錯？

我們是不是常常想要究責，到底孩子今天這樣是誰造成的？是先天、後天、還是哪邊做錯了？（可惜就算歸咎了責任，父母其實沒辦法像政治人物那樣，可以下台就了事。）

體會到「不是你的」，更能愛他真實的樣子

其實，每個孩子都有他自己的樣子，硬要去說像誰，一定都有可說的，但是也絕對有不同的部分，那麼何苦要去操這個心呢？還不如將這樣的力氣用於思考如何愛他真實的樣子，練習看到其特質的正向意義，並試著體會如何引導他，幫助他平衡該特質可能帶來的負向影響。

有了這樣的轉念，我開始可以比較平靜的在生活中觀察孩子、認識孩子，在心中試著體會他這樣的特質會讓他有什麼樣的心理需求（例如，有想法又愛堅持的人，期待自己的想法可以被尊重、被執行，他想「自己試試看」）；試著覺察自己的擔心（例如，我怕這樣的孩子讓人覺得任意妄為、沒有規矩）；學習如何設立一些合理規範來幫助他學習界線（例如提供有限的選擇、適時轉移注意力以免情況陷入膠著）。這樣

的我，比較有心力欣賞我的孩子，也比較能夠放過自己（和伴侶）。

別將父母和孩子的人生綁在一起

華人文化中，很容易在心理上把孩子與自己綁在一起，甚至劃上等號，「孩子表現等於父母績效」的概念，幾乎像是內建在我們體內的 DNA 一樣，無時無刻不牽動著父母的情緒以及自我價值感，這就難怪當孩子無法達到父母期望時，父母感受會這麼大，甚至覺得自己人生失敗了。

你是否經歷過類似的情境？你在那個情境中是孩子，還是父母？下面這些潛台詞，是否曾在哪個時刻閃過你的心頭，甚至直接從口中送了出來？那些話是你從哪學來的？

「早知道當初就不要生下你。」

「你無法配合我們家的規矩，那你走好了。」

「我們家沒有你這種——（自行填空）孩子。」

「照爸媽說的做就對了，都是為你好。」

「我為你犧牲了這麼多，你還……。」

如果你發現自己正在說與上述句子相似的話，同時伴隨著反覆出現的情緒——不論這情緒是沮喪、憤怒、失望、厭煩、自我苛責還是什麼——不妨靜下心來想一想，我們是不是也不小心跌入文化的價值洪流當中，忘記了孩子是他自己生命的主人，有他獨特的樣子。

假如是，那就讓自己有機會暫時停下來，好好放鬆片刻，覺察自己在焦慮些什麼、害怕些什麼？這些感受背後又是受到哪些信念的影響？而這些信念合理嗎？有可以被調整的空間嗎？

體認到孩子才是他自己的主人

如果身為父母的你注意到自己不由自主冒出這樣的心情時，請誠實面對，一方面接納自己有這些感受，一方面也接受別人不必為我們的感受負責（是的，這個別人，也包括你的孩子），再次咀嚼這首詩，記得孩子「不是我們的」，那我們便能在親子互動中，創造出一些空間，讓父母可以真實坦誠，也讓孩子可以成為他自己，並且在關係中彼此尊重、彼此祝福。

父母親為孩子的付出，當然會有燃燒青春、犧牲奉獻的成分，就如詩中所提到的

「彎曲」；然而因為有了上面所說的界線和空間，這時才能更有機會如詩句所說的：「懷著歡欣的心情，在弓箭手的手裡彎曲吧，因為他愛飛去的箭，也愛靜存於掌中的弓。」我們得以感受生命已經餽贈給為人父母的我們一份厚禮，那是以往的自己難以想像的寬大心懷、無窮的潛能和深刻的回憶。這讓我們能夠深信，生命愛著我們，也愛著我們的孩子。

而我相信，當我們深刻體會到自己已經得到報酬，也才不必再帶著匱乏的心，切切地要求從孩子身上獲得回報，或要他們長成我們認可的樣子。

作品小櫥窗

《你的孩子不是你的孩子》
類型：電視劇
年份：二〇一八年
導演：陳慧翎
簡介：
由公視推出的電視劇，改編自作家吳曉樂同名作品裡的五個故事，全劇共十集。該書名引用紀伯倫的詩作為題，探討親子互動關係。該劇添加些許科技元素，凸顯在社會主流價值觀之下，從家庭、學校到國家體制的教育議題。

《幸福定格》
關係中的邀請與回應
當他說「你可以再靠近一點」，你聽懂了嗎？

人與人的關係建立在
一次次的邀請與回應中，
夫妻也不例外。
是不是聽懂對方的話中含意、
看懂對方的肢體語言，
以及決定如何反應，
將造成關係的緊密、疏離或終結。

《幸福定格》是一部紀錄片，忠實記錄婚姻生活中酸甜苦辣的對話片段，讓人看得揪心又感動。

因為工作的關係，我看了這部電影好幾次，對於當中許多互動細節感觸良多。除了與自己尚稱資淺的婚姻生活對照之外，也很巧妙地形成了腦海中的一段段實例，讓所學的伴侶諮商理論立體了起來。

邀請有很多種表現形式

看到邀請，你會聯想到什麼？或許是那種比較正式的發問和邀約；而回應，理所當然就是對方如何回覆問句了。

但是，美國婚姻大師約翰・高特曼在《關係療癒》這本書中提出一個新的觀點，認為「邀請與回應」的定義可以被拓寬為：「在人際關係中，因為想要產生某種連結，而根據不同的關係深度和關係類型所採取的行動。」簡單地說，邀請就是一方在說：「我想跟你更靠近一點。」然後等待對方可能正面、可能負面的回應。

在這樣的概念下，邀請除了上述那樣較為正式的邀約、提問之外，也可能在親近的關係中有更多的變化形，有些甚至讓人難以辨認出它的原意竟然是邀請。一個肢體語言，例如：拍肩、呵癢、擁抱；說反話，像是「哼！我不要理你了」；抱怨其他人或抱怨對方，都可能是邀請；甚至是更隱晦的表達，如嘆氣、哀號；在旁邊繞來繞去（請想像家貓）這些小動作，可能都在說：「我想要你陪陪我」、「我想要你聽我說」或是「嘿，我在這裡」。

有一些邀請比較容易被理解，或是比較容易被好好接住、好好回應；有一些則可能偽裝成燙手山芋或是手榴彈，需要接球的那一方帶著很多愛、很多勇氣，才能選擇不轉身逃跑或升高戰火反擊。

明白向對方表示出「邀請」，是一件令人感到脆弱的事，它就像是捧著自己肉做的心冒險交給對方。也因此，如何回應，將會大大影響關係的發展。

回應邀請的三種態度

回應邀請可以簡單分為接納、相應不理、抗拒三種態度，可想而知，不同的回應會對關係帶來不同的結果。

一、接納的回應：可能是被動、低活力的（喔、嗯哼）；也可能是全神貫注、全心全意的（發表意見、說出想法與感受、發問）。這樣的回應方式帶來的結果是關係中的邀請與回應增多、關係交流日益增長。

二、相應不理的回應：可能是心不在焉、埋頭做其他事、冷漠以對或是打岔。這樣的回應方式對關係的影響是邀請會減少、衝突會增加，邀請方的感情會受傷、灰心，關係也遲早會結束。

三、抗拒的回應：包括輕蔑、羞辱、恥笑、挑釁、好辯、指責對方、抓緊受害者心態等。這種回應方式的影響也是邀請會減少，邀請方會為避免衝突而壓抑情感，關係掙扎拖延一段時間後，也會走向終結。

電影中的正反案例

《幸福定格》中有一對教授夫妻，太太提起先生有一次情緒失控把椅子拿起來摔，她說自己雖然也有情緒，但當下想到更多的是先生在用無聲的方式吶喊著自己需要協助，因此她的「回應」是包容他當下的爆裂情緒，放下自己的不平，暫時不向對方據理力爭，以免火上加油。

太太因為將先生的情緒失控視為「邀請」，並且沉住氣接球後避免了更大的傷害，多年後回過頭看，不但度過了當時的情緒風暴，也在先生心中留下深厚的感情存款。

這可以說是用接納「接住手榴彈」的例子。

另外一個鮮明的例子是喝酒先生與傷心太太。太太以關心丈夫為何總需要喝酒作為邀請，希望他敞開心讓自己走進去，但因為感受到對方的抗拒與搪塞，太太的心沉了下來，同時也生出更多委屈。

我猜想先生當時雖然外表看似輕鬆，但內心直覺可能正是感到有顆燙手山芋向他丟了過來，他只想四兩撥千斤地推開，沒想到反而引起太太更多的不滿與抱怨（強度更強的邀請），他於是回應：「那要不要請個人來幫忙？」這句答非所問的回答，進一步使得太太大受打擊，最後崩潰落淚。

我相信先生當下也不是故意的，可是他有些心不在焉的反應，抗拒接觸太太真正想要表達的邀請，算是試圖「避開燙手山芋」，沒想到反而不幸引爆更大的情緒。

相應不理的回應，最傷雙方關係

根據研究，這三種回應態度中，對關係最傷的，不是抗拒（攻擊），而是相應不理（冷漠）。這同樣也是實務現場最最棘手的關係困境，當一方絕望了、放棄了，要重新連結需要花費更大的力氣。

這樣的發現，也間接呼應了導演對這部電影的初心：希望透過這部片（香港影評戲稱為恐怖片），邀請伴侶們不畏艱難的交談、溝通，即便談話中有眼淚、有困惑、有火藥味，但當我們不放棄對話，幸福也就有機會重新洋溢於關係中。上面那對喝酒先生與傷心太太，在首映會時笑嘻嘻地帶著二寶出席，或許，那次的困難對話，也為他們帶來了新的轉機。

作品小櫥窗

《幸福定格》
類型：紀錄片
年份：二〇一八年
導演：沈可尚
簡介：
導演歷時七年、記錄八對結婚時間長短不一的夫妻對話。他們在鏡頭前真實地分享婚姻中的經歷和掙扎，從婆媳問題、家務分工、欣賞對方哪些地方、是否厭倦對方，到親密關係、生養孩子等，活生生上演的情緒張力引起觀眾反思自己對婚姻和幸福的定見。

後記
生命的辛苦與美麗

在孕期逐漸進入尾聲的時候，懷孕後主動找來的學校認輔義務工作，也隨著學期即將結束而告一段落。

一次會談遇見的一個大孩子帶給我很特別的體會，他的困難直接挑戰了我對生命存在價值的信念，也挑戰我正在經歷的生命狀態。

那是一個在家庭與學校中長期累積著灰心的孩子，幾次談話下來，開始比較有安全感的他，有次一反意興闌珊的樣子，憤世嫉俗地發表看法：「人生沒什麼好活的、一半以上的人都是魯蛇、都不值得活著。」而在他眼中，自己更是再怎樣掙扎也無法符合自己定義的「有價值」，於是沉浸在灰濛濛的無意義與沒差之中，日復一日。他丟出一個又一個詰問，控訴著這個世界的現實、不公平與蒼白，抱怨所有人粉飾太平地接受遊戲規則，還自欺有一天可以跳脫這樣的老鼠圈。

第一次聽到平常寡言的他一口氣說出這些心聲，我的心中除了啟動專業訓練養成的危機處理核對機制之外，更產生了兩種矛盾的感受：一種是明白和理解；另一種則是好想讓他明白其實可以有其他的觀點。但當上述這些思緒在我心裡組織的過程中，我也同時感受到自己的啞口無言，要與這些心聲互動，實在超過了語言的範疇。

第一種明白是因為，他的話讓我想起好多年前的自己。那是一個自覺不被了解的女孩，正值一般所謂的青春年華，偏偏這年紀不是有一個形容叫「慘綠少年」？這階段往往在大人眼中看起來生命充滿可能、大部分有父母保護著，哪有什麼好抱怨的？偏偏這個階段的孩子有時會感受到生命不知有什麼可期待的，時而自傲、時而自卑，有時想擰了，還會認真的埋怨為何要被生下來，這些從來不是我要求來的、我寧可不需經歷這些……。

那是屬於青春的一種困境，卡在某個時間點，感受到未來不知去向，也無意停留於苦悶的現在，更不可能回到無法改變的過往。那是屬於成長的一種孤單，許多失控的想法不敢讓別人知道，尤其是親近的家人以及「你們幹嘛要生下我」這種話，因為太了解他們會說什麼，怎麼想覺得都太大逆不道了，因此只能張牙舞爪的寫在日記裡。

直到好幾年後，偶然發現聖經裡面不少偉大的先知，也曾在極度消沉時說出類似「不想再活了」的話，或是咒詛自己的生日。直到好幾年後，逐漸經歷不同的事情，知道當下以為再大的困難，都會隨著時間淡化，並且自己也不是唯一在面對這些困難和挑戰的人。

因此，對於這樣的心情狀態、對於眼前這個孩子的感受，我可以明白，也可以接納。我想，我甚至也同意著，生命確實有其殘酷與折磨人的地方，而且每個人確實也面對著獨一無二的辛苦，無法比較。

只是，這次在他面前的我，是帶著肚子裡即將誕生的生命與他接觸。即便他沒有明白地質疑我為何還要孕育新生命，但我知道我需要先能回應自己這些問題：我為什麼能夠活下來？我為什麼相信生命？我為什麼還會想要將新的生命帶入這樣的世界？

在思索的過程中，我甚至聯想到，也許有天我的孩子也會在某種挑戰的情緒狀態下以一樣的話質問我：「我從來沒有要你生下我！你們為什麼要生下我？」

說真的，無論是對眼前這個大孩子丟出來的憤慨，或是將來某年某月可能登場的質問，我都不確定能夠怎麼回答。我比較確定的是，說得再多、再有智慧、再鏗鏘有力，或許都比不上專注地陪伴對方、傾聽對方、與對方同在。而化作語言的答案，我想也常常比不上讓對方親自在觀察與閱讀我們的生命時，自己探索答案。

所以，在陪伴的當下，我試著傳達的是：孩子，我不是沒有想過你可能面對的世界，你可能面對的挑戰；我不是不知道生命的不容易，其中的確有一些殘酷的時刻，但也會有一些美好的時刻。

我所相信的是，在生命的困難與辛苦當中，也有見到美好的機會。在看似挑戰與缺乏的狀況下，仍然試著感謝、仍然練習知足。詰問與抗議不滿是可以的，這是一種真實地尋覓過程，只是，我們也不要放棄希望。

作為父母，我想我也需要常常記得，生命藉由我們而來到這個世界，但從來不屬於我們。當彼此衝突高漲、當孩子不符合我們的期待（即便我們再怎樣認為那些期待是為他好），我需要謙卑地記得這一點，也帶著對於生命的信任，知道他終須、終將、終究還是得為自己走出屬於他自己的路、做他自己的決定。

參考資料

- 第二章〈兩歲小孩與兩歲媽媽〉(請見第60頁)

參考資料「我媽媽才8歲，原諒她不夠好」
原文連結：https://itw01.com/YT6RMEW.html

- 第二章〈當二寶來報到（下）〉(請見第76頁)

延伸閱讀《寶寶出生了，妳還會愛我嗎？》
作者：海蒂．霍華滋（Heidi Howarth），大穎文化出版，2012年。

- 第二章〈與大寶的分離焦慮〉(請見第82頁)

參考資料「幼兒上學的分離焦慮」
原文連結：https://epaper.ntuh.gov.tw/health/201904/child_2.html

- 第三章〈你快要爆炸了嗎？〉(請見第110頁)

延伸閱讀《戒吼媽：挑戰21天不生氣的教養提案》
作者：Jaguar小姐，親子天下出版，2015年。

- 第三章〈帶小小孩旅行有意義嗎？〉(請見第138頁)

參考資料「帶孩子旅行讓『大腦有變化』心理學家：回憶伴隨他一生」
原文連結：https://lifestyle.heho.com.tw/archives/45744

- 第三章〈兩個生活片段與鷹架理論〉(請見第150頁)

參考資料「鷹架理論」
原文連結：https://blog.xuite.net/kc6191/study/15365867-%E9%B7%B9%E6%9E%B6%E7%90%86%E8%AB%96%28Scaffolding+Theory%29

- 第四章〈隊友出妙招，玩破關遊戲〉(請見第243頁)

參考資料「5 LIFE HACKS That Will MOTIVATE You To Do ANYTHING」
影片連結：https://www.youtube.com/watch?v=aG-1lRwYWqU&feature=youtu.be

育兒好幫手

0～2歲黃金期：職能治療師媽媽的超強育兒術

作者：蔡曼嫻
定價：420元
除了小兒科醫師、教養專家，你還需要兒童職能治療師來幫忙！依月齡設定的發展方針，圖文並茂的實際操作示範，Q＆A與懶人包，成為你育兒之路的最大後盾。

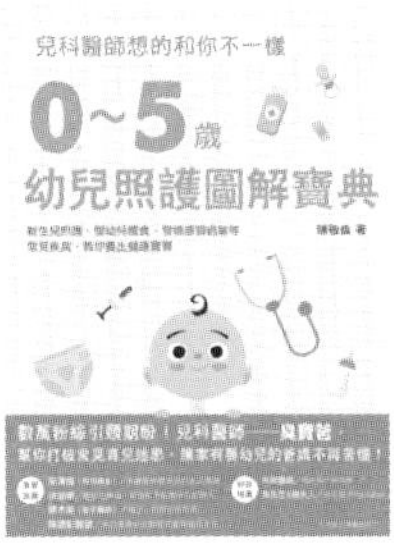

兒科醫師想的和你不一樣：0～5歲幼兒照護圖解寶典，新生兒照護、嬰幼兒餵食、發燒感冒過敏等常見疾病，教你養出健康寶寶

作者：陳敬倫
定價：360元
身兼父親與兒科醫師的臭寶爸，親手繪製插畫、表格，將多年以來育兒、看診的經驗無私分享，以兒科醫師的專業建議，讓新手爸媽在育兒路上不再孤單。

嬰兒副食品聖經：新手媽媽必學205道副食品食譜

作者：趙素濚
譯者：李靜宜
定價：600元
由副食品高手與專科醫師聯手，傳授最佳的副食品的材料公式，還有如何在副食品各階段選擇適合的食材，如何清洗與保存食材，更有食材的計量法幫助新手媽媽順利上手。

與孩子，談心：26堂與孩子的溝通課

作者：邱淳孝
定價：350元
這是一本獻給新世代父母的教養書，最符合人性且最實用的親子溝通方式，送給每一個孩子，也送給曾是孩子的每一位大人。

當我開始成為母親

心理師媽咪的腹內話

作者　林世媛
編輯　秦雅如、吳雅芳
校對　秦雅如、蔡玟俞
　　　吳雅芳、林世媛
美術設計　陳玟諭

發行人　程顯灝
總編輯　呂增娣
編輯　吳雅芳、藍匀廷
　　　黃子瑜
美術主編　劉錦堂
美術編輯　陳玟諭
行銷總監　呂增慧
資深行銷　吳孟蓉

發行部　侯莉莉
財務部　許麗娟、陳美齡
印務　許丁財
出版者　四塊玉文創有限公司

總代理　三友圖書有限公司
地址　106台北市安和路二段二一三號四樓
電話　(02) 2377-4155
傳真　(02) 2377-4355
E-mail　service@sanyau.com.tw
郵政劃撥　05844889 三友圖書有限公司

總經銷　大和書報圖書股份有限公司
地址　新北市新莊區五工五路二號
電話　(02) 8990-2588
傳真　(02) 2299-7900

製版印刷　卡樂彩色製版印刷有限公司

初版　二〇二〇年十二月
定價　新台幣三三〇元
ISBN　978-986-5510-46-6（平裝）

國家圖書館出版品預行編目(CIP)資料

當我開始成為母親：心理師媽咪的腹內話/林世媛著. -- 初版. -- 臺北市：四塊玉文創有限公司, 2020.12

面；　公分

ISBN 978-986-5510-46-6(平裝)

1.育兒

428　　　　109017917

地址：　　　縣/市　　　鄉/鎮/市/區　　　路/街

段　　巷　　弄　　號　　樓

廣　告　回　函

台北郵局登記證

台北廣字第2780 號

三友圖書有限公司 收

SANYAU PUBLISHING CO., LTD.

106　台北市安和路2段213號4樓

三友圖書
讀書俱樂部

「填妥本回函，寄回本社」，
即可免費獲得好好刊。

\ 粉絲招募歡迎加入 /

臉書／痞客邦搜尋

「四塊玉文創／橘子文化／食為天文創

三友圖書——微胖男女編輯社」

加入將優先得到出版社提供的相關

優惠、新書活動等好康訊息。

四塊玉文創×橘子文化×食為天文創×旗林文化

http://www.ju-zi.com.tw

https://www.facebook.com/comehomelife

親愛的讀者：

感謝您購買《當我開始成為母親：心理師媽咪的腹內話》一書，為感謝您對本書的支持與愛護，只要填妥本回函，並寄回本社，即可成為三友圖書會員，將定期提供新書資訊及各種優惠給您。

姓名 ______________________ 出生年月日 ______________________

電話 ______________________ E-mail ______________________

通訊地址 ______________________

臉書帳號 ______________________

部落格名稱 ______________________

1 年齡

□18歲以下 □19歲～25歲 □26歲～35歲 □36歲～45歲 □46歲～55歲
□56歲～65歲 □66歲～75歲 □76歲～85歲 □86歲以上

2 職業

□軍公教 □工 □商 □自由業 □服務業 □農林漁牧業 □家管 □學生
□其他 ______________________

3 您從何處購得本書？

□博客來 □金石堂網書 □讀冊 □誠品網書 □其他 ______________________
□實體書店 ______________________

4 您從何處得知本書？

□博客來 □金石堂網書 □讀冊 □誠品網書 □其他 ______________________
□實體書店 ____________ □FB（四塊玉文創／橘子文化／食為天文創 三友圖書——微胖男女編輯社）
□好好刊（雙月刊） □朋友推薦 □廣播媒體

5 您購買本書的因素有哪些？（可複選）

□作者 □內容 □圖片 □版面編排 □其他 ______________________

6 您覺得本書的封面設計如何？

□非常滿意 □滿意 □普通 □很差 □其他 ______________________

7 非常感謝您購買此書，您還對哪些主題有興趣？（可複選）

□中西食譜 □點心烘焙 □飲品類 □旅遊 □養生保健 □瘦身美妝 □手作 □寵物
□商業理財 □心靈療癒 □小說 □繪本 □其他 ______________________

8 您每個月的購書預算為多少金額？

□1,000元以下 □1,001～2,000元 □2,001～3,000元 □3,001～4,000元
□4,001～5,000元 □5,001元以上

9 若出版的書籍搭配贈品活動，您比較喜歡哪一類型的贈品？（可選2種）

□食品調味類 □鍋具類 □家電用品類 □書籍類 □生活用品類 □DIY手作類
□交通票券類 □展演活動票券類 □其他 ______________________

10 您認為本書尚需改進之處？以及對我們的意見？

____

感謝您的填寫，

您寶貴的建議是我們進步的動力！

【黏貼處】對折後寄回，謝謝。